有机化学实验

主　编　佟　玲
副主编　田　冬
参　编　孙华银　荣介伟　吴建伟
　　　　王龙德　张倩茹　卜露露
　　　　凡　佩　孙　美　徐　俊

北京理工大学出版社
BEIJING INSTITUTE OF TECHNOLOGY PRESS

内 容 简 介

本书主要涉及有机化学实验的基本知识、基本操作、典型有机化合物的制备方法和综合性实验，共 5 章内容，分别为第 1 章基础知识、第 2 章性质实验、第 3 章基本操作、第 4 章制备实验和第 5 章综合实验。书中实验均为半微量实验，节约试剂，实验内容丰富，满足应用型本科专业有机化学实验课程人才培养的教学需求。

本书可作为化学、化工、材料、生物、食品、制药、环境类专业本科生有机化学实验课程的教材，也可供相关行业人员参考使用。

版权专有　侵权必究

图书在版编目（CIP）数据

有机化学实验／佟玲主编．－－北京：北京理工大学出版社，2023.6

ISBN 978-7-5763-2543-0

Ⅰ.①有…　Ⅱ.①佟…　Ⅲ.①有机化学-化学实验-高等学校-教材　Ⅳ.①O62-33

中国国家版本馆 CIP 数据核字（2023）第 118445 号

出版发行 ／	北京理工大学出版社有限责任公司
社　　址 ／	北京市海淀区中关村南大街 5 号
邮　　编 ／	100081
电　　话 ／	（010）68914775（总编室）
	（010）82562903（教材售后服务热线）
	（010）68944723（其他图书服务热线）
网　　址 ／	http：//www.bitpress.com.cn
经　　销 ／	全国各地新华书店
印　　刷 ／	涿州市新华印刷有限公司
开　　本 ／	787 毫米×1092 毫米　1/16
印　　张 ／	9.75
字　　数 ／	221 千字
版　　次 ／	2023 年 6 月第 1 版　2023 年 6 月第 1 次印刷
定　　价 ／	85.00 元

责任编辑／	多海鹏
文案编辑／	闫小惠
责任校对／	刘亚男
责任印制／	李志强

图书出现印装质量问题，请拨打售后服务热线，本社负责调换

前　言

　　有机化学实验是学习有机化学的重要环节，是对有机化学理论的应用和验证过程，也是对理论知识巩固与提升的过程，旨在使学生熟悉有机化学实验基本原理，掌握有机化学实验基本操作技能，从而培养学生理论联系实际、严谨细致的科学态度与工作作风，锻炼学生分析问题、解决问题的能力，进一步增强学生的创新意识与创新能力。

　　本书根据教育部对化学类、药学类、化工与制药类等相关专业人才培养的要求，结合有机化学实验课程的教学实际，本着"适用、实用"的原则对实验内容进行了设计、编排、调整，使实验教材体系新颖、内容实用、操作规范。与国内其他院校出版的有机化学实验教材比较，本书主要特点在于：重点是基础有机化学实验，但又扩展了实验内容，即安排了一定数量的有机合成和综合性实验。实验内容的扩展，使不同专业、不同课程的老师都有足够的选择余地。

　　本书共5个章节：第1章是基础知识，简单介绍常用仪器和设备、常用溶剂纯化方法，以及实验预习、实验记录和实验报告；第2章是性质实验，包含实验基础知识和实验仪器认领、熔点的测定、旋光度及折射率的测定；第3章是基本操作，包含7个基本的分离提纯实验；第4章是制备实验，包含33个合成实验；第5章是综合实验，包含3个精心选择的实验。

　　本书由荣介伟编写第1章，王龙德编写第2章，吴建伟编写第3章，徐俊、张倩茹、孙华银、孙美、凡佩、卜露露合编第4章，佟玲编写第5章。全书由佟玲负责筹划，田冬负责统稿。本教材在编写过程中得到了淮南师范学院有关领导和同行的大力支持，在此深表由衷的谢意。

　　限于编者水平，书中不妥之处在所难免，衷心希望各位专家和使用本书的师生予以批评指正，在此我们致以最真诚的感谢。

编　者
2023年6月

目　　录

第 1 章　基础知识 ··· 1
　1.1　常用仪器和设备 ··· 1
　1.2　常用溶剂纯化方法 ··· 11
　1.3　实验预习、实验记录和实验报告 ··· 14
　1.4　有机文件检索及 Internet 上的化学教学资源 ························· 17
第 2 章　性质实验 ·· 26
　实验一　实验基础知识和实验仪器认领 ······································ 26
　实验二　熔点的测定 ·· 29
　实验三　旋光度及折射率的测定 ·· 34
第 3 章　基本操作 ·· 39
　实验一　蒸馏及沸点测定 ·· 39
　实验二　减压蒸馏 ··· 43
　实验三　分馏 ·· 46
　实验四　重结晶提纯法 ··· 50
　实验五　萃取与洗涤 ·· 59
　实验六　薄层色谱 ··· 63
　实验七　柱色谱 ··· 65
第 4 章　制备实验 ·· 68
　实验一　环己烯的制备 ··· 68
　实验二　溴乙烷的制备 ··· 70
　实验三　正溴丁烷的制备 ·· 72
　实验四　乙醚的制备 ·· 75
　实验五　正丁醚的制备 ··· 76
　实验六　甲基叔丁基醚的制备 ·· 79
　实验七　环己酮的制备 ··· 80
　实验八　己二酸的制备 ··· 82
　实验九　乙酸乙酯的制备 ·· 84
　实验十　苯甲酸乙酯的制备 ··· 87
　实验十一　乙酸正丁酯的制备 ·· 89

实验十二　苯乙酮的制备 ·· 92
实验十三　苯亚甲基苯乙酮的制备 ·· 94
实验十四　苯甲醛的制备 ·· 96
实验十五　正丁醛的制备 ·· 97
实验十六　乙酰水杨酸的制备 ·· 99
实验十七　肉桂酸的制备 ·· 101
实验十八　苯甲醇和苯甲酸的制备 ·· 104
实验十九　邻氨基苯甲酸的制备 ·· 106
实验二十　五乙酸α-葡萄糖酯的制备 ·· 107
实验二十一　甲基橙的制备 ·· 109
实验二十二　对甲苯磺酸的制备 ·· 111
实验二十三　乙酰苯胺的制备 ·· 113
实验二十四　二苯甲醇的制备 ·· 115
实验二十五　苯甲酸甲酯的制备 ·· 117
实验二十六　呋喃甲醇和呋喃甲酸的制备 ·· 119
实验二十七　局部麻醉剂——苯佐卡因的制备 ·· 121
实验二十八　安息香的辅酶合成 ·· 125
实验二十九　叔戊醇的脱水 ·· 128
实验三十　无水乙醇的制备 ·· 129
实验三十一　从槐花米中提取芦丁 ·· 130
实验三十二　透明皂的制备 ·· 132
实验三十三　从丁香花中提取合成香兰素 ·· 134

第5章　综合实验 ·· 138
实验一　橙皮中柠檬烯的提取及气相色谱分析 ·· 138
实验二　茶叶中咖啡因的提取及紫外光谱分析 ·· 141
实验三　黄连中黄连素的提取及紫外光谱分析 ·· 143

参考文献 ·· 147

第1章 基础知识

1.1 常用仪器和设备

1.1.1 有机化学实验常用仪器、设备和应用范围

现将有机化学实验中所用的玻璃仪器、金属用具、电学仪器和小型机电以及其他仪器设备分别介绍如下：

1.1.1.1 玻璃仪器

有机实验玻璃仪器（见图 1-1-1、图 1-1-2），按其口塞是否标准及磨口，可分为普通玻璃仪器和标准磨口玻璃仪器两类。标准磨口玻璃仪器由于可以相互连接，使用时既省时方便，又严密安全，它将逐渐代替同类普通玻璃仪器。使用玻璃仪器皆应轻拿轻放。容易滑动的玻璃仪器（如圆底烧瓶），不要重叠放置，以免打破。

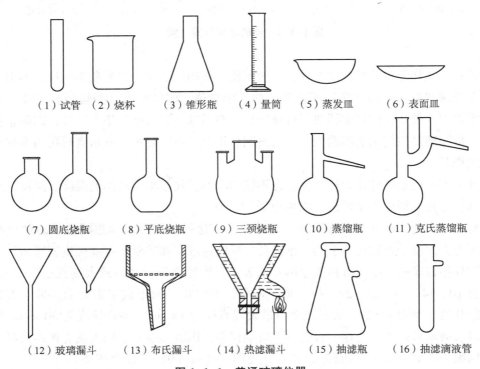

(1) 试管　(2) 烧杯　(3) 锥形瓶　(4) 量筒　(5) 蒸发皿　(6) 表面皿

(7) 圆底烧瓶　(8) 平底烧瓶　(9) 三颈烧瓶　(10) 蒸馏瓶　(11) 克氏蒸馏瓶

(12) 玻璃漏斗　(13) 布氏漏斗　(14) 热滤漏斗　(15) 抽滤瓶　(16) 抽滤滴液管

图 1-1-1　普通玻璃仪器

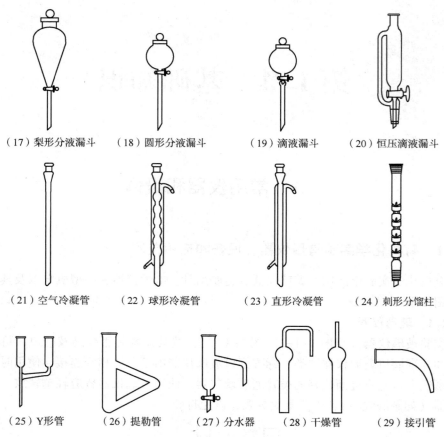

图 1-1-1 普通玻璃仪器（续）

除试管、烧杯等少数玻璃仪器外，一般不能直接用火加热。锥形瓶不耐压，不能用于减压。厚壁玻璃器皿（如抽滤瓶）不耐热，故不能加热。广口容器（如烧杯）不能储放易挥发的有机溶剂。带活塞的玻璃器皿用过洗净后，在活塞与磨口间应垫上纸片，以防粘住。如已粘住，可在磨口四周涂上润滑剂或有机溶剂后用电吹风吹热风，或水煮后再用木块轻敲活塞，使之松开。

此外，不能用温度计作为搅拌棒，也不能用来测量超过刻度范围的温度。温度计用后要缓慢冷却，不可立即用冷水冲洗，以免炸裂。

有机化学实验，最好采用标准磨口玻璃仪器。这种仪器可以和相同编号的磨口相互连接，既可免去配塞子及钻孔等手续，也能免去反应物或产物被软木塞或橡皮塞所沾污。标准磨口玻璃仪器口径的大小通常用数字编号来表示，该数字是指磨口最大端直径的毫米整数，常用的有 10、14、19、24、29、34、40、50 等。有时也用两组数字来表示，另一组数字表示磨口的长度。例如 14/30，表示此磨口最大端直径为 14 mm，磨口长度为 30 mm。相同编号的磨口、磨塞可以紧密连接。有时两个玻璃仪器，因磨口编号不同无法直接连接时，则可借助不同编号的磨口接头（或称大小头）[见图 1-1-2（9）]使之连接。

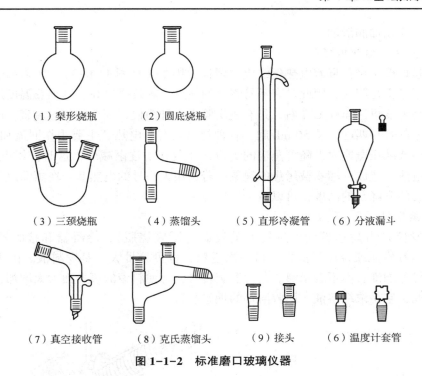

图 1-1-2 标准磨口玻璃仪器

注：通常以整数表示磨口系列的编号，它与实际磨口锥体大端直径略有差别，表 1-1-1 列出了磨口编号与大端直径的对照。

表 1-1-1 磨口编号与大端直径的对照

编号	10	14	19	24	29	34	40
大端直径/mm	10.0	14.5	18.8	24.0	29.2	34.5	40.0

使用标准磨口玻璃仪器时注意：

（1）磨口处必须洁净，若粘有固体杂物，会使磨口对接不严密导致漏气。若有硬质杂物，更会损坏磨口。

（2）用后应拆卸洗净，否则若长期放置，磨口的连接处常会粘牢，难以拆开。

（3）一般用途的磨口无须涂润滑剂，以免沾污反应物或产物。若反应中有强碱，则应涂润滑剂，以免磨口连接处因碱腐蚀粘牢而无法拆开。减压蒸馏时，磨口应涂真空脂，以免漏气。

（4）安装标准磨口玻璃仪器装置时，应注意安得正确、整齐、稳妥，使磨口连接处不受歪斜的应力，否则易将玻璃仪器折断，特别是在加热时，玻璃仪器受热，应力更大。

1.1.1.2 金属用具

有机实验中常用的金属用具有铁架、铁夹、铁圈、三脚架、水浴锅、镊子、剪刀、三角锉刀、圆锉刀、压塞机、打孔器、水蒸气发生器、煤气灯、不锈钢刮刀、升降台等。

1.1.1.3 电学仪器和小型机电设备

1. 电吹风

实验室中使用的电吹风应可吹冷风和热风，供干燥玻璃仪器之用，宜放在干燥处，防潮、防腐蚀。定期加润滑油。

2. 电热套（又称电热帽）

电热套是玻璃纤维包裹着电热丝织成的帽状加热器（见图 1-1-3），加热和蒸馏易燃有机物时，由于它不是明火，因此具有不易着火的优点，热效率也高。其加热温度用调压变压器控制，最高温度可达 400 ℃ 左右，是有机实验中一种简便、安全的加热装置。电热套的容积一般与烧瓶的容积匹配，从 50 mL 起，各种规格均有。电热套主要用作回流加热的热源。用它进行蒸馏或减压蒸馏时，随着蒸馏的进行，瓶内物质逐渐减少，这时使用电热套加热，就会使瓶壁过热，造成蒸馏物被烤焦的现象。若选用大一号的电热套，在蒸馏过程中，不断降低垫电热套的升降台的高度，可以减少烤焦现象。

3. 旋转蒸发仪

旋转蒸发仪是由马达带动可旋转的蒸发器（圆底烧瓶）、冷凝器和接收器组成（见图 1-1-4），可在常压或减压下操作，可一次进料，也可分批吸入蒸发料液。由于蒸发器的不断旋转，可免加沸石而不会暴沸。蒸发器旋转时，会使料液的蒸发面大大增加，加快了蒸发速度。因此，它是浓缩溶液、回收溶剂的理想装置。

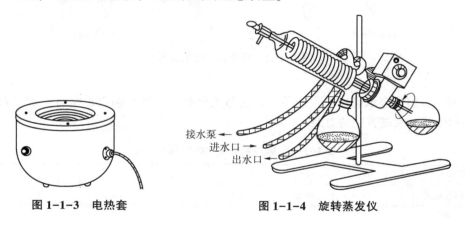

图 1-1-3　电热套　　　　　　图 1-1-4　旋转蒸发仪

4. 调压变压器

调压变压器是调节电源电压的一种装置，常用来调节加热电炉的温度，调整电动搅拌器的转速等。使用时应注意：

（1）电源应接到注明为输入端的接线柱上，输出端的接线柱与电动搅拌器或电炉等的导线连接，切勿接错。同时，调压变压器应有良好的接地。

（2）调节旋钮时应当均匀缓慢，防止因剧烈摩擦而引起火花及碳刷接触点受损。如碳刷磨损较大，应予更换。

（3）不允许长期过载，以防止烧毁或缩短使用期限。

（4）碳刷及绕线组接触表面应保持清洁，经常用软布抹去灰尘。

（5）使用完毕后应将旋钮调回零位，并切断电源，放在干燥通风处，不得靠近有腐蚀性的物体。

5. 电动搅拌器

电动搅拌器（或小马达连调压变压器）在有机实验中用于搅拌。一般适用于油水等溶液或固液反应中，不适用于过黏的胶状溶液。若超负荷使用，很易发热而烧毁，使用时必须接地线。平时应注意经常保持清洁干燥、防潮、防腐蚀。轴承应经常加油保持润滑。

6. 磁力搅拌器

磁力搅拌器由一根以玻璃或塑料密封的软铁（叫作磁棒）和一个可旋转的磁铁组成。将磁棒投入盛有欲搅拌的反应物容器中，将容器置于内有旋转磁场的搅拌器托盘上，接通电源，内部磁铁旋转，使磁场发生变化，容器内磁棒亦随之旋转，达到搅拌的目的。一般的磁力搅拌器（如79-1型磁力搅拌器）都有控制磁铁转速的旋钮及可控制温度的加热装置。

7. 烘箱

烘箱用于干燥玻璃仪器或烘干无腐蚀性、加热时不分解的物品。挥发性易燃物或刚用酒精、丙酮淋洗过的玻璃仪器切勿放入烘箱内，以免发生爆炸。

烘箱使用说明：接上电源后，即可开启加热开关，再将控温旋钮由"0"位顺时针旋至一定程度（视烘箱型号而定），此时烘箱内即开始升温，红色指示灯亮。若有鼓风机，可开启鼓风机开关，使鼓风机工作。当温度计升至工作温度时（由烘箱顶上温度计读数观察得知），即将控温器旋钮按逆时针方向缓慢旋回，旋至指示灯刚熄灭。指示灯明灭交替处即恒温定点。干燥玻璃仪器时一般应先沥干，无水滴下时才放入烘箱，升温加热，将温度控制在100~120 ℃。实验室中的烘箱是公用仪器，往烘箱里放玻璃仪器时应自上而下依次放入，以免残留的水滴流下使下层已烘热的玻璃仪器炸裂。取出烘干后的仪器时，应用干布衬手，防止烫伤。取出后不能碰水，以防炸裂。取出后的热玻璃仪器，若任其自行冷却，则器壁常会凝结水汽。可用电吹风吹入冷风助其冷却，以减少壁上凝聚的水汽。

1.1.1.4 其他仪器设备

1. 台秤

在有机合成实验室中，常用于称量物体质量的仪器是台秤，如图1-1-5所示。台秤的最大称量为1 000 g或500 g，能准确到1 g。若用药物台秤（又称小台秤），最大称量为100 g，能准确到0.1 g。这些台秤最大称量虽然不同，但原理是相同的，它们都有一根中间有支点的杠杆，杠杆两边各装有一个秤盘。左边秤盘放置被称量物体，右边秤盘放砝码，杠杆支点处连有一根指针，指针后有标尺，指针倾斜表示两盘质量不等。与杠杆平行有一根游码尺，尺上有一个活动游码。称量前，先观察两臂是否平衡，指针是否在标尺中央。如果不在中央，可以调节两端的平衡螺丝，使指针指向标尺中央，两臂即平衡。

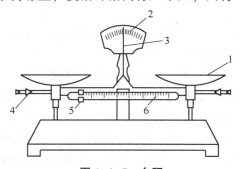

图1-1-5 台秤

1—秤盘；2—标尺；3—指针；4—平衡螺丝；5—游码；6—游码尺

称量时，将物体放在左盘上，在右盘上加砝码，用镊子（不要直接用手）先加大砝码，然后加较小的，加减到10 g（小台秤为5 g）以下的质量时，可以移动游码，直至指针在标尺中央，表示两边质量相等。右盘上砝码的克数加游码在游码尺上所指的克数便是物体的质量。台秤用完后，应将砝码放回盒中，将游码复原至刻度0。台秤应经常保持清洁，所称物体不能直接放在盘上，而应放在清洁、干燥的表面皿、硫酸纸或烧杯中进行称量。

2. 扭力天平

在进行半微量制备时，因普通台秤的灵敏度不够，可使用扭力天平。扭力天平可准确到0.01 g。使用前先调节底脚螺丝使左右平衡。在称量1 g以下物料时，可通过旋转加质量的旋钮来调节。

3. 钢瓶

钢瓶又称高压气瓶，是一种在加压下储存或运送气体的容器，通常有铸钢、低合金钢等。氢气、氧气、氮气、空气等在钢瓶中呈压缩气状态，二氧化碳、氨气、氯气、石油气等在钢瓶中呈液化状态。乙炔钢瓶内装有多孔性物质（如木屑、活性炭等）和丙酮，乙炔气体在压力下溶于其中。为了防止各种钢瓶混用，全国统一规定了瓶身、横条以及标字的颜色，以资区别。现将常用的几种钢瓶的标色摘录于表1-1-2中。

表1-1-2 常用的几种钢瓶的标色

气体类别	瓶身颜色	横条颜色	标字颜色
氮气	黑	棕	黄
空气	黑	—	白
二氧化碳	黑	—	黄
氧气	天蓝	—	黑
氢气	深绿	红	红
氯气	草绿	白	白
氨气	黄	—	黑
其他一切可燃性气体	红	—	—
其他一切不可燃性气体	黑	—	—

使用钢瓶时应注意：

（1）钢瓶应放置在阴凉、干燥、远离热源的地方，避免日光直晒。氢气钢瓶应放在与实验室隔开的气瓶房内。实验室中应尽量少放钢瓶。

（2）搬运钢瓶时要旋上瓶帽，套上橡皮圈，轻拿轻放，防止摔碰或剧烈振动。

（3）使用钢瓶时，如直立放置应有支架或用铁丝绑住，以免摔倒；如水平放置应垫稳，防止滚动，还应防止油和其他有机物沾污钢瓶。

（4）钢瓶使用时要用减压表，一般可燃性气体（氢气、乙炔等）钢瓶气门螺纹是反向的，不可燃或助燃性气体（氮气、氧气等）钢瓶气门螺纹是正向的。各种减压表不得混用。开启气门时应站在减压表的另一侧，以防减压表脱出而被击伤。

（5）钢瓶中的气体不可用完，应留0.5%表压以上的气体，以防重新灌气时发生危险。

（6）用可燃性气体时，一定要有防止回火的装置（有的减压表带有此种装置）。在导管中塞细铜丝网，管路中加液封可以起保护作用。

（7）钢瓶应定期试压检验（一般钢瓶三年检验一次）。逾期未经检验或锈蚀严重时，不得使用，漏气的钢瓶不得使用。

4．减压表

减压表由指示钢瓶压力的总压力表、控制压力的减压阀和减压后的分压力表三部分组成。使用时应注意，把减压表与钢瓶连接好（勿猛拧）后，将减压表的调压阀旋到最松位置（即关闭状态），然后打开钢瓶总阀门，总压力表即显示瓶内气体总压。检查各接头（用肥皂水）不漏气后，方可缓慢旋紧调压阀，使气体缓缓送入系统。使用完毕时，应首先关紧钢瓶总阀门，排空系统的气体，待总压力表与分压力表均指到 0 时，再旋松调压阀。如果钢瓶与减压表连接部分漏气，应加垫圈使之密封，切不能用麻丝等物堵漏，特别是氧气钢瓶及减压表绝对不能涂油，这点应特别注意。

1.1.2 有机实验常用装置

为了便于查阅和比较有机化学实验中常见的基本操作，在此集中讨论回流、蒸馏、气体吸收以及搅拌和密封等操作的仪器装置。

1.1.2.1 回流装置

很多有机化学反应需要在反应体系的溶剂或液体反应物的沸点附近进行，这时就要用到回流装置（见图 1-1-6）。图 1-1-6（a）是普通加热回流装置；图 1-1-6（b）是防潮加热回流装置；图 1-1-6（c）是带有吸收反应中生成气体的回流装置，适用于回流时有水溶性气体（如 HCl、HBr、SO_2 等）产生的实验；图 1-1-6（d）是回流时可以同时滴加液体的装置。回流加热前应先放入沸石，根据瓶内液体的沸腾温度，可选用水浴、油浴或隔石棉网直接加热等方式。条件允许下，一般不采用隔石棉网而直接用明火加热的方式。回流的速率应控制在液体蒸气浸润不超过两个球为宜。

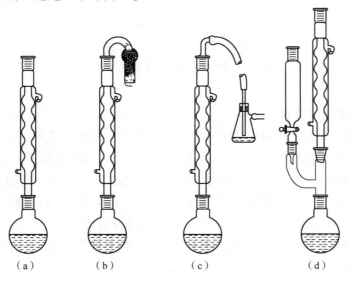

图 1-1-6　回流装置

1.1.2.2 蒸馏装置

蒸馏是分离两种以上沸点相差较大的液体和除去有机溶剂的常用方法，不同的蒸馏装置（见图1-1-7）可用于不同要求的场合。图1-1-7（a）是最常用的蒸馏装置，由于这种装置出口处与大气相通，可能逸出馏液蒸气，若蒸馏易挥发的低沸点液体，需将接引管的支管连上橡皮管，通向水槽或室外。支管口接上干燥管，可用作防潮的蒸馏。图1-1-7（b）是应用空气冷凝管的蒸馏装置，常用于蒸馏沸点在140 ℃以上的液体。若使用直形冷凝管，液体蒸气温度较高会使冷凝管炸裂。图1-1-7（c）是蒸馏较大量溶剂的装置，由于液体可自滴液漏斗中不断地加入，故其既可调节滴入和蒸出的速度，又可避免使用较大的蒸馏瓶。

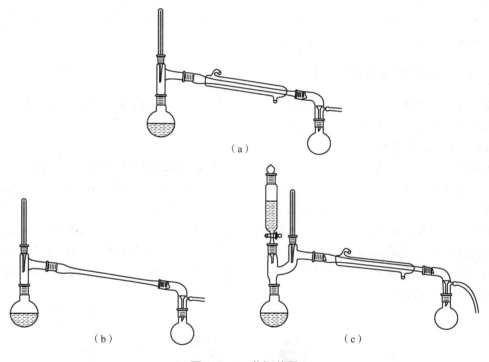

图1-1-7　蒸馏装置

1.1.2.3 气体吸收装置

气体吸收装置（见图1-1-8）用于吸收反应过程中生成的有刺激性和水溶性的气体（如HCl、SO_2等）。其中，图1-1-8（a）、（b）可作为少量气体的吸收装置。图1-1-8（a）中的玻璃漏斗应略微倾斜，使漏斗口一半在水中，一半在水面上，这样既能防止气体逸出，亦可防止水被倒吸至反应瓶中。若反应过程中有大量气体生成或气体逸出很快时，可使用图1-1-8（c）所示的装置，水自上端流入（可利用冷凝管流出的水）抽滤瓶中，在恒定的平面上溢出。粗玻璃管恰好伸入水面，被水封住，以防止气体逸入大气中。图中的粗玻璃管也可用Y形管代替。

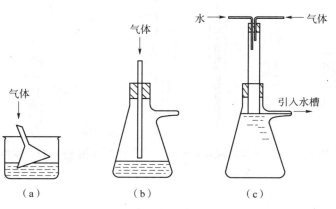

图 1-1-8　气体吸收装置

1.1.2.4　搅拌和密封装置

1. 搅拌装置

当反应在均相溶液中进行时，一般可以不搅拌，因为加热时溶液存在一定程度的对流，从而保证液体各部分受热均匀。如果是非均相反应，或反应物之一是逐渐滴加时，为了尽可能使其迅速均匀地混合，以避免因局部过浓过热而导致其他副反应发生或有机物分解；有时反应物是固体，如不搅拌将影响反应顺利进行，在这些情况下均需进行搅拌操作。在许多合成实验中，使用搅拌装置不但可以较好地控制反应温度，同时也能缩短反应时间和提高产率。常用的搅拌装置如图 1-1-9 所示。图 1-1-9（a）是可同时进行搅拌、回流和自滴液漏斗加入液体的装置；图 1-1-9（b）的装置还可同时测量反应的温度；图 1-1-9（c）是带干燥管的搅拌装置；图 1-1-9（d）是磁力搅拌的装置。

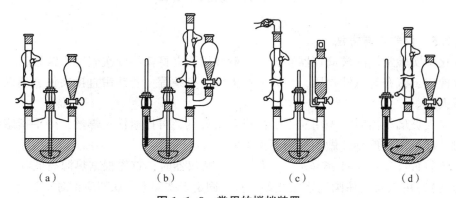

图 1-1-9　常用的搅拌装置

2. 密封装置

常用的密封装置如图 1-1-10 所示。

搅拌器的轴头和搅拌棒之间可通过两节真空橡皮管和一段玻璃棒连接，这样搅拌器导管不致磨损或折断，如图 1-1-11 所示。

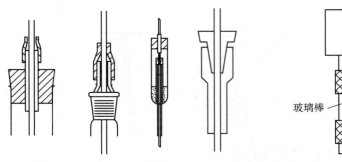

图 1-1-10　常用的密封装置　　　图 1-1-11　搅拌棒的连接

3. 搅拌棒

搅拌所用的搅拌棒通常由玻璃棒制成，式样很多，常用的搅拌棒如图 1-1-12 所示。其中，图 1-1-12（a）、（b）两种可以容易地用玻璃棒弯制；图 1-1-12（c）、（d）较难制，其优点是可以伸入细颈瓶中，且搅拌效果较好；图 1-1-12（e）是筒形搅拌棒，适用于两相不混溶的体系，其优点是搅拌平稳，搅拌效果好。

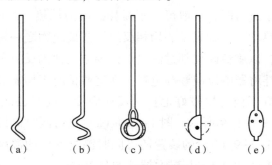

图 1-1-12　常用的搅拌棒

1.1.2.5　仪器装置方法

有机化学实验常用的玻璃仪器装置，一般皆用铁夹将仪器依次固定于铁架上。铁夹的双钳应贴有橡皮、绒布等软性物质，或缠上石棉绳、布条等。若铁钳直接夹住玻璃仪器，则容易将仪器夹坏。

用铁夹夹玻璃仪器时，先用左手手指将双钳夹紧，再拧紧铁夹螺丝，待手指感到螺丝触到双钳时，即可停止旋动，做到夹物不松不紧。

以回流装置［见图 1-1-6（b）］为例，安装仪器时，首先根据热源高低（一般以三脚架高低为准），用铁夹夹住圆底烧瓶瓶颈，垂直固定于铁架上。铁架应正对实验台外面，不要歪斜。若铁架歪斜，重心不一致，装置不稳。然后将球形冷凝管下端正对圆底烧瓶口，用铁夹垂直固定于圆底烧瓶上方，再放松铁夹，将球形冷凝管放下，使磨口磨塞塞紧后，再将铁夹稍旋紧，固定好球形冷凝管，使铁夹位于球形冷凝管中部偏上一些。用合适的橡皮管连接冷凝水，进水口在下方，出水口在上方。最后按图 1-1-6（b）在球形冷凝管顶端安装干燥管。

安装仪器遵循的总则：先下后上，从左到右；正确、整齐、稳妥、端正；其轴线应与实验台边沿平行。

1.2 常用溶剂纯化方法

市售的有机溶剂有工业纯、化学纯和分析纯等各种规格。在有机合成中，通常根据反应特性来选择适宜规格的溶剂，以便使反应顺利进行而又不浪费试剂。但对某些反应来说，其对溶剂纯度要求特别高，即使只有微量有机杂质和痕量水的存在，也会对反应速度和产率产生很大的影响，这就需对溶剂进行纯化。此外，在合成中如需用大量纯度较高的有机溶剂，考虑到分析纯试剂价格昂贵，也常常用工业级的普通溶剂自行精制后供实验室使用。

1.2.1 乙醇

由于乙醇和水能形成共沸物，故工业乙醇的含量为 95.6%，其中尚含 4.4% 的水。为了制得纯度较高的乙醇，实验室中用工业乙醇与氧化钙长时间回流加热，使乙醇中水与氧化钙（CaO）作用，生成不挥发的氢氧化钙 $[Ca(OH)_2]$ 来除去水分。这样制得的乙醇含量可达 99.5%，通常称为无水乙醇，如需高度干燥的乙醇，可用金属镁或金属钠将制得的无水乙醇或者用分析纯的无水乙醇（含量不少于 99.5%）进一步处理制得绝对乙醇，其反应式为

$$Mg + 2C_2H_5OH \longrightarrow Mg(OC_2H_5)_2 + H_2$$

$$Mg(OC_2H_5)_2 + 2H_2O \longrightarrow Mg(OH)_2 + 2C_2H_5OH$$

或

$$2Na + 2C_2H_5OH \longrightarrow 2C_2H_5ONa + H_2$$

$$C_2H_5ONa + H_2O \longrightarrow NaOH + C_2H_5OH$$

在用金属钠处理时，生成的氢氧化钠（NaOH）和乙醇之间存在平衡，使醇中水不能完全除去，因而必须加入邻苯二甲酸二乙酯或丁二酸二乙酯，通过皂化反应除去反应中生成的氢氧化钠，其反应式为

1.2.1.1 无水乙醇（含量 99.5%）的制备

在 50 mL 圆底烧瓶中加入 35 mL 工业乙醇和 5 g 生石灰，用塞子塞住瓶口，放置至下次实验。

下次实验时，拔去塞子，装上回流冷凝管，其上端接氯化钙（$CaCl_2$）干燥管。在水浴上加热回流 2 h，稍冷后，拆去回流冷凝管改成蒸馏装置。用水浴加热，蒸去前馏分，再用已称量的干燥瓶作为接收器，蒸馏至几乎无液滴流出为止。立即用空心塞塞住无水乙醇的瓶口，称重，计算回收率。

1.2.1.2 绝对乙醇（含量 99.95%）的制备

（1）用金属镁制备。装上回流冷凝管，冷凝管上端接氯化钙干燥管。在 100 mL 圆底烧瓶中放入 0.3 g 干燥的镁条（或镁屑）、10 mL 99.5% 无水乙醇和几粒碘，用热水浴温热（注意此时不要振摇），不久在碘周围的镁发生反应，观察到碘的棕色减退，镁周围变混浊，

并伴随着氢气的放出，随着反应的扩大，碘的颜色逐渐消失，有时反应可以相当激烈。待反应稍缓和后，继续加热使镁基本上反应完毕。然后加入 40 mL 99.5% 无水乙醇和几粒沸石，加热回流 0.5 h。改成蒸馏装置，以下操作同无水乙醇的制备。

（2）用金属钠制备。装置同上。在 100 mL 圆底烧瓶中放入 1 g 金属钠和 50 mL 99.5% 无水乙醇，加入几粒沸石。加热回流 0.5 h，然后加入 2 g 邻苯二甲酸二乙酯，再回流 10 min。以下操作同无水乙醇的制备。

纯粹乙醇：沸点（b.p.）= 78.85 ℃；熔点（m.p.）= −115 ℃；折射率（n_D^{20}）= 1.361 6；相对密度（d_4^{20}）= 0.789 3。

附注：

①本实验中所用仪器必须绝对干燥。由于无水乙醇具有很强的吸水性，故操作过程中和存放时必须防止水分侵入。

②如用空心塞就必须用手巾纸将瓶口生石灰擦去，否则不易打开。

③若不放置，则可适当延长回流时间。

1.2.2 乙醚

普通乙醚中含有少量水和乙醇，在保存乙醚期间，由于与空气接触和光的照射，通常除了上述杂质外还含有二乙基过氧化物（$(C_2H_5)_2O_2$）。这对于要求用无水乙醚作溶剂的反应（如 Grignard 反应）来说，不仅影响反应，而且易发生危险。因此，在制备无水乙醚时，首先需检验有无过氧化物存在。为此取少量乙醚与等体积的 2% 碘化钾溶液，再加入几滴稀盐酸一起振摇，振摇后的溶液若能使淀粉显蓝色，证明有过氧化物存在。此时应按下述步骤处理。

在分液漏斗中加入普通乙醚，再加入相当于普通乙醚体积 1/5 的新配制硫酸亚铁（$FeSO_4$）溶液，剧烈摇动后分去水层。醚层在干燥瓶中用无水氯化钙干燥，间隙振摇，放置 24 h，这样可除去大部分水和乙醇。蒸馏收集 34~35 ℃ 馏分，在收集瓶中压入钠丝，然后用带氯化钙干燥管的软木塞塞住，或者在木塞中插入两端拉成毛细管的玻璃管，这样可使产生的气体逸出，并可防止潮气侵入。放置 24 h 以上，待乙醚中残留的痕量水和乙醇转化为氢氧化钠和乙醇钠后，才能使用。

纯粹乙醚：b.p. = 34.51 ℃；m.p. = −117.4 ℃；n_D^{20} = 1.352 6；d_4^{20} = 0.713 78。

附注：

①$FeSO_4$ 溶液的配制：在 55 mL 水中加入 3 mL 浓硫酸，然后加入 30 g 硫酸亚铁。此溶液必须在使用时配制，放置过久易氧化变质。

②乙醚沸点低，极易挥发，严禁用明火加热，可用事先准备好的热水浴加热，或者用调压变压器调节的电热锅加热。尾气出口通入水槽，以免乙醚蒸气散发到空气中。乙醚蒸气比空气重（约为空气的 2.5 倍），容易聚集在桌面附近或低洼处。当空气中含有 1.85%~36.5% 的乙醚蒸气时，遇火即会发生燃烧爆炸，因此蒸馏时必须严格遵守操作规程。

1.2.3 氯仿

普通氯仿中含有 1% 的乙醇，这是为了防止氯仿分解为有毒的光气，作为稳定剂加入氯仿中的。

为了除去乙醇，可将氯仿与其一半体积的水在分液漏斗中振摇数次，然后分出下层氯仿，用无水氯化钙或无水碳酸钾（K_2CO_3）干燥。

另一种提纯法是将普通氯仿与小量浓硫酸一起振摇数次。每 500 mL 氯仿，约用 25 mL 浓硫酸洗涤，分去酸层后，用水洗涤，干燥后蒸馏。

注意：除去乙醇的无水氯仿必须保存于棕色瓶中，并放于柜中，以免在光的照射下分解产生光气。氯仿绝对不能用金属钠来干燥，否则会发生爆炸。

纯粹氯仿：b.p. = 61.7 ℃；m.p. = −63.5 ℃；n_D^{20} = 1.445 9；d_4^{20} = 1.483 2。

1.2.4 二氯甲烷

使用二氯甲烷比氯仿安全，因此常常用它来代替氯仿作为比水重的萃取溶剂。普通二氯甲烷一般能直接作萃取剂使用。如需纯化，可用 5%碳酸钠溶液洗涤，再用水洗涤，然后再用无水氯化钙干燥，蒸馏收集 40~41 ℃的馏分。

纯粹二氯甲烷：b.p. = 40 ℃；m.p. = −97 ℃；n_D^{20} = 1.424 2；d_4^{20} = 1.326 6。

1.2.5 丙酮

普通丙酮中常含有少量水及甲醇、乙醛等还原性杂质，分析纯的丙酮中即使有机杂质含量已少于 0.1%，但水的含量仍达 1%，它的纯化采用以下方法：

在 500 mL 丙酮中加入 2~3 g $KMnO_4$ 加热回流，以除去少量还原性杂质。若紫色很快消失，则需再加入少量 $KMnO_4$ 继续回流，直至紫色不再消失，蒸出丙酮，然后用无水 K_2CO_3 和无水 $CaCO_3$ 干燥，蒸馏收集 56~57 ℃馏分。

纯粹丙酮：b.p. = 56.2 ℃；m.p. = −94 ℃；n_D^{20} = 1.358 8；d_4^{20} = 0.789 9。

1.2.6 二甲亚砜（DMSO）

二甲亚砜是能与水互溶的高极性非质子溶剂，因而广泛用作有机反应和光谱分析中的试剂。它易吸潮，常压蒸馏时还会部分分解。若要制备无水二甲亚砜，可以用活性氧化铝（Al_2O_3）、氧化钡（BaO）或硫酸钙（$CaSO_4$）干燥过夜。然后滤去干燥剂，在减压下蒸馏收集 75~76 ℃/12 mmHg[①] 或 85~87 ℃/20 mmHg 的馏分，放入分子筛储存待用。

纯粹二甲亚砜：b.p. = 189 ℃；m.p. = 18.45 ℃；n_D^{20} = 1.477 0；d_4^{20} = 1.101 4。

1.2.7 苯

分析纯的苯通常可供直接使用。假如需要无水苯，则可用无水氯化钙干燥过夜，过滤后，压入钠丝。普通苯中噻吩（沸点 84 ℃）为主要杂质，为了制得无水无噻吩苯可用以下方法精制。

在分液漏斗中将苯与相当于苯体积 10%的浓硫酸一起振摇，除去底层酸液，再加入新的浓硫酸，这样重复操作直到酸层呈现无色或淡黄色，且检验无噻吩存在。苯层依次用水、10%碳酸钠溶液、水洗涤，经氯化钙干燥后蒸馏，收集 80 ℃的馏分，压入钠丝保存待用。

---

① 1 mmHg ≈ 133 Pa。

噻吩的检验：取 5 滴苯于小试管中，加入 5 滴浓硫酸及 1~2 滴 1%靛红的浓硫酸溶液；振摇片刻，如呈墨绿色或蓝色，表示有噻吩存在。

纯粹苯：b. p. = 80.1 ℃；m. p. = 5.5 ℃；n_D^{20} = 1.500 1；d_4^{20} = 0.878 7。

1.2.8 乙酸乙酯

分析纯的乙酸乙酯含量为 99.5%，可供一般应用。工业乙酸乙酯含量为 95%~98%，含有少量水、乙醇和乙酸，可用下列方法提纯。

于 1 L 乙酸乙酯中加入 100 mL 乙酸酐和 19 滴浓硫酸，加热回流 4 h，以除去水和乙醇。然后进行分馏，收集 76~77 ℃ 的馏液，馏液用 20~30 g 无水碳酸钾振摇，过滤后，再蒸馏。收集产物沸点为 77 ℃，纯度达 99.7%。

纯粹乙酸乙酯：b. p. = 77.06 ℃；m. p. = −83 ℃；n_D^{20} = 1.372 3；d_4^{20} = 0.900 3。

1.3 实验预习、实验记录和实验报告

1.3.1 实验预习

为了做好实验、避免事故，在实验前必须对所要做的实验尽可能全面和深入的认识。这些认识包括实验的目的要求，实验原理（化学反应原理和操作原理），实验所用试剂及产物的物理、化学性质及规格用量，实验所用的仪器装置，实验的操作程序和操作要领，实验中可能出现的现象和可能发生的事故等。为此，需要认真阅读实验的有关章节（含理论部分、操作部分），查阅适当的手册，做好预习笔记。预习笔记也就是实验提纲，它包括实验名称、实验目的、实验原理、主要试剂和产物的物理常数、试剂规格用量、装置示意图和操作步骤。在操作步骤的每一步后面都需留出适当的空白，以供实验时做记录。

1.3.2 实验记录

在实验过程中应认真操作，仔细观察，勤于思索，同时应将观察到的实验现象及测得的各种数据及时真实地记录下来。由于是边实验边记录，可能时间仓促，故记录应简明准确，也可用各种符号代替文字叙述。例如用"△"表示加热，"↓"表示沉淀生成，"↑"表示气体放出，"s"表示"秒"，"T↑60 ℃"表示温度上升到60 ℃，"+NaOH sol"表示加入氢氧化钠溶液，等等。

1.3.3 实验报告

实验报告是将实验操作、实验现象及所得各种数据综合归纳、分析提高的过程，是把直接的感性认识提高到理性概念的必要步骤，也是向导师报告、与他人交流及储存备查的手段。实验报告是根据实验记录整理而成的，不同类型的实验有不同的格式。

1.3.3.1 化合物性质实验的实验报告

示例如下：

实验项目	操作	现象	反应与解释
1. 烯烃的化学性质 ①与溴作用	在试管中放入 0.5 mL 2% 的 Br_2-CCl_4 溶液，滴入 4 滴环己烯，振摇	溴的红色退去	环己烯与溴加成，生成无色的溴代产物
②与高锰酸钾作用	……	……	……

1.3.3.2 合成实验的实验报告

以正溴丁烷的合成为例，格式如下：

实验 x　正溴丁烷

一、目的要求

1. 了解从正丁醇制备正溴丁烷的原理及方法；
2. 初步掌握回流、气体吸收装置及分液漏斗的使用。

二、反应式

$$NaBr + H_2SO_4 \longrightarrow HBr + NaHSO_4$$

$$n\text{-}C_4H_9OH + HBr \xrightarrow{H_2SO_4} n\text{-}C_4H_9Br + H_2O$$

副反应：

$$n\text{-}C_4H_9OH \xrightarrow{H_2SO_4} CH_3CH_2CH=CH_2 + H_2O$$

$$2n\text{-}C_4H_9OH \xrightarrow{H_2SO_4} (n\text{-}C_4H_9)_2O + H_2O$$

$$2NaBr + 3H_2SO_4 \longrightarrow Br_2 + SO_2 + 2NaHSO_4 + 2H_2O$$

三、主要试剂及产物的物理常数

名称	相对分子质量	性状	折射率	相对密度	熔点/℃	沸点/℃	溶解度/[g·(100 mL 溶剂)$^{-1}$]		
							水	醇	醚
正丁醇	74.12	无色透明液体	1.399 3	0.809 8	−89.5	117.7	7.9 (20 ℃)	∞	∞
正溴丁烷	137.03		1.440 1	1.275 8	−112.4	101.6	不溶	∞	∞

四、试剂规格及用量

正丁醇：化学纯（C.P.），15 g（18.5 mL，0.20 mol）；

溴化钠：C.P.，25 g（0.24 mol）；

浓硫酸：实验纯（L.R.），29 mL（53.40 g，0.54 mol）；

饱和水溶液；

无水氯化钙：C.P.。

五、实验装置图

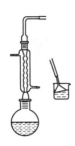

六、实验步骤及现象

实验步骤	实验现象
①于 150 mL 圆底烧瓶中放 20 mL 水，加入 29 mL 浓硫酸，振摇冷却	放热
②加 18.5 mL n-C$_4$H$_9$OH 及 25 g 溴化钠，加沸石，摇动	溴化钠部分溶解，瓶中产生雾状气体（HBr）
③在瓶口安装冷凝管，冷凝管顶部安装气体吸收装置，开启冷凝水，隔石棉网小火加热回流 1 h	雾状气体增多，溴化钠渐渐溶解，瓶中液体由一层变为三层，上层开始极薄，中层为橙黄色，随着反应进行，上层越来越厚，中层越来越薄，最后消失。上层颜色由淡黄色变为橙黄色
④稍冷，改成蒸馏装置，加沸石，蒸出正溴丁烷	开始馏出液为乳白色油状物，后来油状物减少，最后馏出液变清（说明正溴丁烷全部蒸出），冷却后，蒸馏瓶内析出结晶（NaHSO$_4$）
⑤粗产物用 20 mL 水洗； 在干燥分液漏斗中用 10 mL 浓硫酸洗； 15 mL 水洗； 15 mL 饱和碳酸氢钠洗； 15 mL 水洗；	产物在下层，呈乳浊状； 产物在上层（清亮），硫酸在下层，呈棕黄色； 产物在下层，呈棕黄色； 产物在下层，呈浅黄色； 两层交界处有絮状物产生，呈乳浊状
⑥将粗产物转入小锥形瓶中，加 2 g 氯化钙干燥	开始混浊，最后变清
⑦产品滤入 50 mL 蒸馏瓶中，加沸石蒸馏，收集 99~103 ℃馏分	98 ℃开始有馏出液（3~4 滴），温度很快升至 99 ℃，并稳定于 101~102 ℃，最后升至 103 ℃，温度下降，停止蒸馏，冷却后，瓶中残留约 0.5 mL 的黄棕色液体
⑧产物称重	18 g，无色透明液体

七、产率计算

理论产量：其他试剂过量，理论产量按正丁醇计：

$$\text{n-C}_4\text{H}_9\text{OH} + \text{HBr} \xrightarrow{\text{H}_2\text{SO}_4} \text{n-C}_4\text{H}_9\text{Br} + \text{H}_2\text{O}$$

$$\begin{array}{cccc} 1 & & 1 & \\ 0.2 & & 0.2 & \end{array}$$

即 0.2×137＝27.4 g 正溴丁烷。

$$产率 = \frac{实际产量}{理论产量} \times 100\% = \frac{18 \text{ g}}{27.4 \text{ g}} \times 100\% = 66\%$$

八、讨论

1. 在回流过程中，瓶中液体出现三层，上层为正溴丁烷，中层可能为硫酸氢正丁酯，随着反应的进行，中层消失表明丁醇已转化为正溴丁烷。上、中层液体为橙黄色，可能是由于混有少量溴，溴是由硫酸氧化溴化氢而产生的。

2. 反应后的粗产物中，含有未反应的正丁醇及副产物正丁醚等，用浓硫酸洗可除去这些杂质。因为醇、醚能与浓硫酸作用生成𨦡盐而溶于浓硫酸中，而正溴丁烷不溶。

3. 本实验最后一步，蒸馏前用折叠滤纸过滤，在滤纸上沾了些产品，建议不用折叠滤纸，而在小漏斗上放一小团棉花，这样不仅简单方便，而且可以减少损失。

1.3.3.3 其他形式的实验报告

除性质实验、合成实验之外，还有分离纯化实验、常数测定实验、天然产物提取实验、对映异构体拆分实验、动力学研究实验等。这些实验报告的格式可以参照合成实验报告的格式填写。但凡是没有化学反应的实验（如天然产物提取实验），可将"反应式"一栏改为"实验原理"；凡是没有产率可以计算的实验（如熔点测定实验），则将"产率计算"一栏删去。

无论是何种格式的实验报告，填写的共同要求是：

（1）条理清楚。

（2）详略得当。既陈述清楚，又不烦琐。

（3）语言准确。除讨论栏外尽可能不使用"如果""可能"等模棱两可的字词。

（4）数据完整。重要的操作步骤、现象和实验数据不能漏掉。

（5）实验装置图应避免概念性错误。

（6）讨论栏可写实验体会、成功经验、失败教训、改进的设想等。

（7）真实。无论装置图或操作规程，如果自己使用的或做的与书上不同，按实际操作记载，不要照搬书上的内容，更不可伪造实验现象和数据。

1.4 有机文件检索及 Internet 上的化学教学资源

1.4.1 手册的查阅及有机化学文献简介

化学文献是有关化学方面的科学研究、生产实践等的记录和总结。查阅化学文献是科学研究的一个重要组成部分，是培养动手能力的一个重要方面，是每个化学工作者应具备的基本功之一。

查阅文献资料的目的是了解某个课题的历史概况、目前国内外的水平、发展的动态及方向。只有"知己知彼"才能使工作起始于一个较高的水平，并有一个明确的目标。

文献资料是人类文化科学知识的载体，是社会进步的宝贵财富。因此，每个科学工作者必须学会查阅和应用文献资料。但也应看到，由于种种原因，有的文献把最关键的部分，或叙述得不甚详尽，或避实谈虚。这就要求我们在查阅和利用文献时必须采取辨证的分析方法对待之。

在这一节里把文献资料分为工具书和专业参考书、期刊及化学文摘三部分予以简单介绍。

1.4.1.1 工具书和专业参考书

1. 工具书

（1）《化工辞典》（第5版），姚虎卿主编，化学工业出版社出版，2014年。

这是一本综合性化工工具书，收集了1万余条化学、化工名词，列出了化学物质的分子式、结构式，基本的物理化学性质及相对密度、熔点、沸点、溶解度等数据，并有简要的制法和用途说明。化工过程的生产方式仅叙述主要内容及原理，书前有按笔画为顺序的目录，书末有汉语拼音检索。

（2）《化学化工药学大辞典》，黄天守编译，台北市大学图书公司出版，1982年。

这是一本关于化学、医药及化工方面较全的工具书。该书取材于多种百科全书，收录近万个化学、医药及化工等常用物质，采用英文名称按序排列方式。每一名词各自成一个独立单元，其内容包括组成、结构、制法、性质、用途（含药效）及参考文献等。本书取材新颖，叙述详细。书末附有600多个有机人名反应。

（3）*The Merck Index*，15th Ed.，O'Neil，Maryadele J. 主编，英国皇家化学会出版，2013年。

该书的性质类似于《化工辞典》，但较详细，主要是有机化合物和药物。它收集了近1万种化合物的性质、制法和用途，4 500多个结构式及42 000条化学产品和药物的命名。化合物按名称字母的顺序排列，冠有流水号，依次列出汇集的化学文摘名称，以及可供选用的化学名称、药物编码、商品名、化学式、相对分子质量、文献、结构式、物理数据、标题化合物的衍生物的普通名称和商品名。在 Organic Name Reactions 部分中，对在国外文献资料中人名反应做了简单的介绍。一般是用方程式来表明反应的原料和产物及主要反应条件，并指出最初发表论文的著者和出处，同时将有关这个反应的综述性文献资料的出处一并列出，便于进一步查阅。此外，还专门有一节谈到中毒的急救；并以表格形式列出了许多化学工作者经常使用的有关数学、物理常数和数据、单位的换算等。卷末有分子式和主题索引。

（4）*Lange's Handbook of Chemistry*，13 th Ed.，Dean，J. A. 主编，McGraw-Hill Company 出版，1985年。

本书于1934年出版第1版，从第1版至第10版由 Lange，N. A. 主编，第11版至第13版由 Dean，J. A. 主编。本书内容包括数学、综合数据和换算表、原子和分子结构、无机化学、分析化学、电化学、有机化学、光谱学、热力学性质、物理性质、其他等共11章。

本书的一大特点是详细地辑录了各学科的一些重要理论和公式。如有关有机化合物沸点的计算，结合公式用实例进行计算。以1-甲基-4-(1-甲基乙基)-1-环戊烯为例，其沸点根据公式和表格计算值为142.5 ℃，观察值为143.1 ℃。

本书已翻译为中文，名为《兰氏化学手册》，尚久芳等译，科学出版社出版，1991年。

（5）*Dictionary of Organic Compounds*，6th Ed.，Heilbron，I. V. 主编，Eyre & Spottiswoode 出版，1982年。

本书收集常见的有机化合物近3万条，连同衍生物在内共6万余条。其内容为有机化合物的组成、分子式、结构式、来源、性状、物理常数、化合物性质及其衍生物等，并给出了制备这个化合物的主要文献资料。各化合物按名称的英文字母顺序排列。本书自第 6 版以后，每年出一补编，到 1988 年已出了第 6 补编。

该书已有中文译本名为《汉译海氏有机化合物辞典》，中文译本仍按化合物英文名称的字母顺序排列，在英文名称后面附有中文名称。因此，在使用中文译本时，仍然需要知道化合物的英文名称。

2. 专业参考书

（1）*Organic Synthesis*。

本书最初由 Adams, R. 和 Gilman, H. 主编，后由 Blatt, A. H. 担任主编。本书于 1921 年开始出版，每年 1 卷，1988 年为第 66 卷。本书主要介绍各种有机化合物的制备方法，也介绍了一些有用的无机试剂制备方法。书中对一些特殊的仪器、装置往往是同时用文字和图形来说明。书中所选实验步骤叙述得非常详细，并有附注介绍作者的经验及注意点。书中每个实验步骤都经过其他人的核对，因此内容成熟可靠，是有机制备的良好参考书。

另外，本书每 10 卷有合订本（Collective Volume），卷末附有分子式、反应类型、化合物类型、主题等索引。在 1976 年还出版了合订本 1~5 集（即 1~49 卷）的累积索引，可供阅读时查考。54 卷、59 卷、64 卷的卷末附有包括本卷在内的前 5 卷的作者和主题累积索引；每卷末也有本卷的作者和主题索引。另外，本书合订本的第 1、2 两集已分别于 1957 年和 1964 年译成中文。

（2）*Organic Reactions*。

本书由 Adams, R. 主编。自 1951 年开始出版，刊期并不固定，约为一年半出一卷。1988 年已出版 35 卷。本书主要介绍有机化学中有理论价值和实际意义的反应，每个反应都分别由在这方面有一定经验的人来撰写。书中对有机反应的机理、应用范围、反应条件等都做了详尽的讨论，并用图表指出在这个反应的研究工作中做过哪些工作。卷末有以前各卷的作者索引和章节及题目索引。

（3）*Reagents for Organic Synthesis*。

本书由 Fieser, L. F. 和 Fieser, M. 主编。这是一本有机合成试剂的全书，书中收集面很广。第 1 卷于 1967 年出版，其中将 1966 年以前的著名有机试剂都做了介绍。每个试剂按英文名称的字母顺序排列。本书针对入选的每个试剂都介绍了化学结构、相对分子质量、物理常数、制备和纯化方法、合成方面的应用等，并提出了主要的原始资料以备进一步查考。每卷卷末附有反应类型、化合物类型、合成目标物、作者和试剂等索引。

第 2 卷出版于 1969 年，收集了 1969 年以前的资料，并对第 1 卷部分内容进行了补充。其后每卷都收集了相邻两卷的资料。至 1988 年已出版到第 13 卷。

（4）*Synthetic Methods of Organic Chemistry*。

本书由 Finch, Alan, F. 主编，是一本年鉴。第 1 卷出版于 1942—1944 年，当时由 Theilheimer, W. 主编，所以现在该书叫 Theilheimer's Synthetic Methods of Organic Chemistry。每年出 1 卷，1988 年出版到第 42 卷。本书收集了生成各种键的较新及较有价值的方法。卷末附有主题索引和分子式索引。

1.4.1.2 期刊

目前世界各国出版的有关化学的期刊有近万种，直接的原始性化学期刊也有上千种，在这里将介绍与有机化学有关的主要中文和外文期刊。

1. 中国期刊

（1）《中国科学》，月刊，本期刊英文名 *Scientia Sinica*。它于 1951 年创刊，原为英文版，自 1972 年开始出中文和英文两种文字版本，刊登我国各个自然科学领域中有水平的研究成果。《中国科学》分为 A、B 两辑，B 辑主要包括化学、生命科学、地学方面的学术论文。

（2）《科学通报》，半月刊，于 1950 年创刊。它是自然科学综合性学术刊物，有中文和英文两种版本。

（3）《化学学报》，月刊，于 1933 年创刊。其原名《中国化学会会志》，主要刊登化学方面有创造性的、高水平的和重要意义的学术论文。

（4）《高等学校化学学报》，月刊，于 1980 年创刊。它是化学学科综合性学术期刊，除重点报道我国高校师生创造性的研究成果外，还刊登我国化学学科其他各方面研究人员的最新研究成果。

（5）《有机化学》，双月刊，于 1981 年创刊。其刊登有机化学方面的重要研究成果等。

（6）《化学通报》，月刊，于 1952 年创刊。其以报道知识介绍、专论、教学经验交流等为主，也有研究工作报道。

（7）*Chinese Chemical Letters*，月刊，1990 年创刊。其刊登化学学科各领域重要研究成果的简报。

（8）各综合性大学学报。

2. 英国主要有关期刊

（1）*Journal of the Chemical Society*，简称为 *J. Chem. Soc.*，于 1841 年创刊。本刊为英国《化学学会会刊》，月刊。由 1962 年起取消了卷号，按公元纪元编排。本刊为综合性化学期刊，有研究论文，包括无机、有机、生物化学、物理化学。全年末期有主题索引及作者索引。从 1970 年起分 4 辑出版，均以公元纪元编排，不另设卷号。

（2）*Chemical Society Reviews*。本刊前身为 *Quarterly Reviews*，是一个季刊，自 1947 年起每年出 4 期，刊载化学方面的评述性文章。自 1972 年起改为现在名称，性质同前。

3. 美国主要有关期刊

（1）*Journal of the American Chemical Society*，简称为 *J. Am. Chem. Soc.*。本刊是自 1879 年创刊的综合性双周期刊。其主要刊载研究工作的论文，内容涉及无机化学、有机化学、生物化学、物理化学、高分子化学等领域，并有书刊介绍。每卷末有作者索引和主题索引。

（2）*Journal of the Organic Chemistry*，简称为 *J. Org. Chem.*。本刊创刊于 1936 年，为月刊，主要刊载有机化学方面的研究工作论文。

（3）*Chemical Reviews*，简称为 *Chem. Rev.*。本刊创刊于 1924 年，为双月刊，主要刊载化学领域中的专题及发展近况的评论，内容涉及无机化学、有机化学、物理化学等各方面的研究成果与发展概况。

4. 与有机化学专业内容有关的基本国际性期刊

（1）*Tetrahedron*。这本《四面体》期刊创刊于 1957 年，它主要是为了迅速发表有机化学方面的研究工作和评论性综述文章。原为月刊，自 1968 年起改为半月刊。

（2）*Tetrahedron Letters*。这本《四面体通信》主要是为了迅速发表有机化学方面的初步研究工作。

这两本国际性期刊中大部分论文是用英文写的，也有用德文或法文写的论文。

（3）*Synthesis*。这本国际性的《合成》期刊创刊于1973年，主要刊载有机化学合成方面的论文。

（4）*Journal of Organometallic Chemistry*，于1963年创刊。这本国际性的《金属有机化学杂志》，简称为 *J. Organomet. Chem.*。

（5）*Organic Preparation and Procedures International*。这本美国出版的《国际有机制备与步骤》期刊，简称 OPPI，创刊于1969年，原称"*Organic Preparation and Procedures*"，自1971年第3卷始改用现名，为双月刊。这本期刊主要刊载有机制备方面最新成就的论文和短评，其中还包括有机化学工作者需要使用的无机试剂的制备、光化学合成及化学动力学测定用新设备等。

5. 其他偏重有机化学方面的期刊

（1）*Bulletin de la Societe Chimique de France*，于1858年创刊。这本《法国化学会会报》可简称为 *Bull. Soc. Chim. France*。

（2）*Helvetica Chimica Acta*，于1918年创刊。这本《瑞士化学学报》可简称为 *Helv. Chim. Acta.*。

（3）*Monatshefte fur Chemie*，于1880年创刊。这本奥地利《化学月报》简称为 *Monatsh*。

（4）*Recueil des Travaux Chimiques des Pays Bas*，于1882年创刊。这本《荷兰化学文选》简称为 *Rec. Trav. Chim.*，论文用英文、法文或德文写成。

1.4.1.3 化学文摘（主要介绍美国《化学文摘》）

据报道，目前世界上每年发表的化学、化工文献达几十万篇，如何将如此大量、分散的、各种文字的文献加以收集、摘录、分类、整理，使其便于查阅，是一项十分重要的工作，化学文摘就是处理这种工作的文摘库。

美国、德国、俄罗斯、日本都有文摘性刊物，其中以美国《化学文摘》最为重要。简单介绍如下：

美国《化学文摘》(*Chemical Abstracts*)简称为 *C. A.*，创刊于1907年。自1962年起每年出两卷。自1967年上半年即第67卷开始，每逢单期号刊载生化类和有机化学类内容，而逢双期号刊载大分子类、应化与化工、物化与分析化学类内容。有关有机化学方面的内容几乎都在单期号内（即1, 3, 5, …, 25）。

美国《化学文摘》包括两部分内容：一是从资料来源刊物上将一篇文章按一定格式缩减为一篇文摘，再按索引词字母顺序编排，或给出该文摘所在的页码或给出它在第1卷的栏数及段落。现在发展成一篇文摘占有一条顺序编号。二是索引部分，其目的是用最简便、最科学的方法找到所需资料的摘要，若有必要再从摘要列出的来源刊物寻找原始文献。

C. A. 的优点在于从各方面编制各种索引，使读者省时、全面地找到所需要的资料。因此，掌握各种索引的检索方法是查阅 *C. A.* 的关键。

C. A. 在文摘的编排和索引的类别方面从创刊以来有过不少改进，为了便于查找，简介如下：

1907—1934 年各卷索引中的数字代表文摘所在页数。

1935—1946 年上述数字代表文摘所在栏数（每页分两栏），最后再附加一个数字表示文摘位于该栏内第几段（一栏分 9 段）。如 90834 表示该文摘在这一卷的 9083 栏内第 4 段中可以找到。

1947—1967 年编排同前，但将表示段数的小字体改用英文字母 a～i 代替，如 9083d 等。

自第 67 卷开始至今，上述数字不再代表页数或栏数，而是代表第几号文摘，即每一条文摘有一个编号，如 9083d 就代表 9083 号文摘，对号入座就可以找到，后面的字母 d 是计算机编码用的，一般查阅可以不去管它。

号码前面冠有 B、P、R 等字母，它们的含义是：

B 代表该条文摘是介绍一本书（Book）；

P 代表该条文摘是介绍一篇专利（Patent）；

R 代表该条文摘是一篇综述性文章（Review）。

由于 C.A. 的索引系统编得比较完善，每期收编的文章又有很多，因此充分利用索引来查阅所需文献，比较省时间，使用熟练以后也很方便。每期 C.A. 的后面都有主题索引（关键词索引）、作者索引和专利号索引。每卷末又专门出版包括全卷内容的各种索引，每 5 年（1956 年前每 10 年）还出版包括这 5 年（10 年）全部内容的各种索引，可以在短时间内找出 5～10 年内发表过的大部分有关文献的摘要。这种索引系统是其他文摘所没有的。

1967 年以来，年度索引的内容又有所扩大，除了主题索引、作者索引、分子式索引和专利索引以外，还陆续增加了环系索引、索引指南和登记号码索引，自第 76 卷开始，又将主题索引划分为两部分，即普通主题索引和化学物质索引。现将各种索引简单介绍如下：

（1）主题索引（Subject Index）。在每期后面有关键词索引（Key Words Index），自第 76 卷开始的年度索引和第 9 次累积索引（1972—1976 年）中主题索引开始分为普通主题索引（General Subject Index）和化学物质索引（Chemical Substance Index）两部分。前者内容包括原来主题索引中属一般化学论题的部分，后者以化合物（及其衍生物）为题，主要提供有关化合物的制备、结构性质、反应等方面的文摘号。在这种索引系统中，将给每种化学物质分配一个特定的 CAS 号码。

（2）作者索引（Author Index）。姓在前，名在后，姓和名之间用","分开。欧美人平常的写法是把名字写在姓前面，中间不加","，名字一般用字头（第一个字母）加"."缩写来表示。

俄文人名、日文人名和中文人名均有规定的音译法，日文人名写的是汉文，要按日文读音译成英文，中文人名是按罗马拼音（不是现在国内的汉语拼音）译成英文。

（3）分子式索引（Formula Index）。含碳的化合物首先按分子式中 C 的原子数，其次按 H 的原子数排列，然后才是其他元素按字母顺序排列。不含碳的化合物以及各元素一律按字母顺序排列。

（4）专利索引（Patent Index）和专利协调（Patent Concordance）。专利索引是分国别按专利号排的，前后期的专利号有很大的交叉，不能只查一年。许多国家往往将同一个专利在几个国家中注册取得专利权，即同一专利内容往往可以在几个国家的专利中查到（专利号不同）。在第 58 卷以后每期和年度索引中都有专利协调一章，专门查专利。我们可以利用这一点，如果某一国家的某号专利在国内没有收藏，或看不懂这种语言，可以查一查专利协调中相同内容的别国专利有没有，这就扩大了查阅范围，同时也可以避免重复查找内容相同的专利，因此拿到一个专利号要查阅时，最好先查一查专利协调。

（5）环系索引（Index of Ring System），也称为杂原子次序索引。它给出各种杂环化合物在 C. A. 中所用的分子式，然后可以从分子式索引中查出，从第 66 卷采用。

（6）索引指南（Index Guide），自第 69 卷开始每年出一次。内容包括：交叉索引（Cross Index），可以帮助选定主题和关键词；同名物；各种典型的结构式；词义范围注解；商品名称检索等。此索引系统在第 8 次累积索引（1967—1971 年）中也已开始使用。

（7）登记号码索引（Register Number Index）。从第 62 卷开始收入 C. A. 的每种化合物都给了一个登记号，简称 CAS 号码，今后沿用不变。这种号码主要是计算机归档号，与化合物组成和结构等无任何联系。这种 CAS 号码出现于第 71 卷以后的主题索引和分子式索引上，也出现于同时期的《有机化学杂志》（J. Org. Chem.）上，利用这个号码还可以互查化合物的英文名称和分子式。

（8）来源索引（Source Index）。这是以专册形式出版的索引，于 1970 年出版。列举了 C. A. 中摘引的原文出处，期刊的全名（俄、日、中文等仍为英译名）、缩写等，C. A. 目前所摘引的期刊已超过一万种。1970 年后每年出补编一册。1961 年以前附在 C. A. 内的期刊表，即来源索引的前身。

另外关于化合物的命名法还可以查阅 1916 年、1937 年、1945 年、1962 年的 C. A. 。

C. A. 中每条摘要的内容及编排顺序如下：

（1）题目。

（2）作者姓名。

（3）作者工作单位，在作者姓名后的括号内。

（4）原始文献的来源包括：①期刊名称或缩写（斜体字）；②卷号（黑体字）；③期号（在括号内）；④起止页数，如 456-68 表示自 456 页至 468 页；⑤文摘本身；⑥摘录人姓名。

初学者在阅读 C. A. 时常见到许多难以辨认的缩写，可查每卷第一期前面的简字表。最后必须强调一点，在查阅 C. A. 的主题索引前一定要查阅索引指南，以核对选用的某化合物的关键词（Key Word）是否与 C. A. 编制索引时采用的化合物的关键词相同。若不一致，被检索的这一卷索引指南或有关的累积索引指南中会告诉我们所选用化合物的对应名词。例如，丁酸的英文普通命名法的命名为"butyric acid"，但现在 C. A. 做索引时采用 IUPAC 系统，因此，在索引指南中指示我们选用（sec）butanoic acid。又如一些商业名称，也能在指南上找到索引用的正确名称。如 Mendok 为某植物生长调节剂的商业名，在索引指南上注出 "see propanoic acid；2,3-dichloro-2-methyl-，sodium salt"，所以商业名称 Mendok 指的是 2, 3-二氯-2-甲基丙酸钠这一化合物。

1.4.2　Internet 教学资源分布

1.4.2.1　化学资源导航系统

（1）印第安纳大学的 CHEMINFO 站点，在首页 SIRCh 栏中的 Miscellaneous 项链接了

Teaching and Study of Chemistry（化学教育资源）和 Chemistry Courses on the Internet（Internet 上的化学课程）。Teaching and Study of Chemistry 提供了教材、问题及练习、教学课件、实验和相关软件的链接；而 Chemistry Courses on the Internet 的内容则涉及化学的各个方面，每个专业里还有很多专题，给出主讲者及其工作单位，供学习者选择。

（2）英国谢菲尔德大学的 CHEMDEX 站点，在主页左侧 Chemistry 分类目录中选择 Education（化学教育），能得到很多有用的链接，涉及各种类型的化学教学资源，如专著、教材、网上课程、专题报告、教学软件等。而在 Laboratory（实验室化学）目录链接有实验室教育及相关软件、在线课程、分离方法和技术、虚拟实验室等资源；点击该目录下 Menu for this Page 中的 Education，选择 Chemical Education Resources，可进入 CER Index（化学教育资源索引）查询与实验有关的教学资源。

（3）美国利物浦大学的 Links for Chemists 网站，也是查找教学资源的站点。在 Topics 主题分类的 Educational 中，点击 Chemical Education Resources 可进入虚拟图书馆化学分馆。涉及内容有美国化学会的继续教育虚拟校园、虚拟化学中心、虚拟化学实验室、多媒体化学教学、在线家庭化学作业系统、化学教师资源、虚拟的化学教材及化学软件等资源的链接。该馆还链接着热力学第二定律的网站，生动地介绍了人类如何从对一些自然现象的研究而认识热力学第二定律的过程。

利物浦大学的计算机教育中心 CTI Chemistry 有一个评价网上教学资源的栏目 Web Kevlew，专门对各类化学教学资源及相关软件进行评论。

（4）加拿大滑铁卢大学的化学教育资源导航系统 Cyberspace Chemistry 提供了大量的在线课程，如 Chem120/121（普通化学基础理论Ⅰ）、Chem123/125（化学基础理论Ⅱ）、Chem218（材料化学相关内容）、Sci270（核技术资源）、EnvE231（环境化学和无机化学资源）等。

ChIN 不仅链接了丰富的化学化工信息，还链接了国内外许多与化学相关的教学资源。在 ChIN 一级目录 Resource for Chemistry Education 下的二级目录 Selected Sites for Chemical Education（教学资源精选）中有 100 多个资源链接，包括课程材料、在线课程、学习软件和实验教学软件、常用的数据库、化学知识介绍、J. Chem. Edu.（化学教育）杂志目录、与教学有关的会议信息及中学化学教学资源等；在 Other Lists for Chemical Education Resources（其他化学教育资源导航站点）链接了 17 个网站，包括 Chemistry Resources for the Secondary Education/High School（中等教育化学资源）、Asian-Pacific Chemical Education Network（ACEN，亚太化学教育网）、cbe21.com（中国基础教育网）、Education World（教育世界）等。

（5）在厦门大学表面物理化学实验室化学资源导航系统的"专门主题资源"下的"化学教学资源"目录中，共收集了化学教学站点 130 多个，其中包括化学社区（Chemistry in the Community-Teacher Resources，简称 ChemCom）、高中化学软件和教学资源（Chemistry Teaehing Hesourse）、网上普通化学虚拟教材（General Chemistry Virtual Textbook）、化学教育网络（Network for Chemistry Teaching）、World Lecture Hall：Chemistry（世界演讲大厅）、General Chemistry Online（在线化学概论）等优秀站点。

1.4.2.2 其他教学资源站点分布

（1）虚拟教育图书馆。

（2）Chemistry Teaching Resources。

（3）在线化学概论。

（4）世界演讲大厅主页（World Lecture Hall Home，简称WHL）。

（5）德国化学化工虚拟社区。

（6）英国皇家化学会的 Chemsoc. org 站点。

（7）加拿大 Simon Fraser University 化学系的化学计算机辅助教学站点 ChemCAI。

（8）牛津大学化学系。

（9）加拿大哥伦比亚大学化学系网站。

（10）北京大学化学与分子工程学院的 Web 站点。

（11）暨南大学化学系的物理化学网站。

（12）山东大学化学与化学工程学院的 Web 站点。

（13）厦门大学化学化工学院主页下的"教学园地"栏目开办了网络课程、网络课件、网上教学等。

（14）中山大学远程教育系统。

（15）网上杂志 The Chemical Educator（化学教师）包括课堂教学、实验与演示、化学兴趣小组、化学与计算机等栏目，还不定期介绍有关学校特色鲜明的化学专业的教学计划和课程体系，并介绍化学研究中的新仪器、新技术，以便读者能及时将有关内容充实到教学中。

1.4.2.3 实验教学和管理资源网址

（1）化学教师远程辅导系统网站。

（2）实验室演示。

（3）Microscale Gas Chemistry。

（4）Table of Contents for the High School Safety Web Pages。

（5）实验室指南。

（6）Guidelines for the Laboratory no Notebook。

（7）Keeping a Good Laboratory Notebook。

（8）Laboratory Reports & Laboratory Notebook。

第 2 章　性质实验

实验一　实验基础知识和实验仪器认领

【实验目的】

(1) 学习化学实验规则和安全知识。
(2) 熟悉实验程序和要求、通用化学试剂规格标志、实验结果表示与实验报告等基础知识。
(3) 掌握常用玻璃仪器的洗涤和实验中一些常见问题的处理方法。

【实验内容】

一、化学实验基本知识

1. 学习化学实验室规章制度、安全知识及实验污染和保护

实验室规章制度：

(1) 进入实验室前要认真预习，明确实验目的及了解实验原理、方法、步骤，以及基本操作和注意事项。
(2) 遵守纪律，不迟到早退，不大声喧哗，保持实验室安静。
(3) 实验前：清点仪器，如发现破损，及时向老师汇报；如在实验过程中破损，填写仪器破损报告单。
(4) 实验时：
①先听从老师的指导，然后按照操作规程正确操作，仔细观察，随时将实验现象和数据如实记录在专用记录本上。
②公用仪器和试剂瓶用完立即放回原处，不要随意乱放。
③要保持桌面和实验室清洁。
④严格遵守水、电、煤气，以及易燃、易爆和有毒药品的安全规则。
(5) 实验完毕：将实验桌面、仪器和药品架整理干净。
(6) 根据原始记录，联系理论知识，认真分析问题，处理数据，按要求写出实验报告。

实验室安全知识及实验污染和保护：进行化学实验，经常要使用水、电、煤气、各种仪器，以及易燃、易爆、腐蚀性和有毒的药品。

（1）实验进行时，不得擅自离开自己的位置。水、电、煤气、酒精灯用完立即关闭。实验结束后，值日生应再次检查是否关好。

（2）化学实验药品：

①不允许任意混合各种化学药品，以免发生事故。

②浓酸、浓碱等具有强腐蚀性药品，切勿溅在皮肤或衣服上，尤其不可以溅入眼睛中。

③极易挥发和易燃的有机溶剂（如乙醚、乙醇、丙酮、苯等），使用时必须远离明火，用后立即塞紧瓶塞，放在阴凉处。

④加热时，要严格按照实验操作规程。制备或实验有刺激性、恶臭和有毒的气体时，必须在通风橱内进行。

⑤任何化学实验药品不得进入口中或接触伤口。有毒废液不得倒入水槽，以免产生有毒气体。

（3）进行危险性实验时，需使用防护眼镜、面罩、手套等防护用具。

（4）不能在实验室饮食。实验结束必须洗净双手才可以离开。

2. 化学试剂及有关知识

分类：标准试剂包括一般试剂、高纯试剂、专用试剂。

选用守则：就低而不就高。

3. 化学实验程序和要求，实验记录与实验报告的书写格式

（1）实验目的；

（2）实验原理；

（3）实验内容；

（4）实验数据及结果处理；

（5）讨论（分析误差产生原因，实验中应注意的问题及某些改进措施）。

二、基本操作及度量仪器的使用

1. 滴定管使用（包括洗涤、检漏、装液与赶气泡、读数和滴定等）

常用的滴定管规格为 50 mL 和 25 mL，最小分度为 0.1 mL，读数可估计到 0.01 mL。

滴定管分酸式和碱式两种。

（1）洗涤：无明显油污，用自来水或肥皂水刷洗（不能用去污粉）；有明显油污，用 H_2CrO_4 洗液洗涤，洗液应倒回洗液瓶，然后用大量自来水淋洗，直至流出的水无色。

（2）检漏：必须检漏。

碱式：更换乳胶管或玻璃珠。

酸式：涂凡士林。

（3）装液与赶气泡：润洗内壁3次，用量为 10 mL、5 mL、5 mL 左右。

检查出口下端是否有气泡，如有应使用以下方法排出：

酸式：迅速打开活塞，反复多次，使溶液喷出并带走气泡。

碱式：将橡皮管向上弯曲，捏起乳胶管使溶液从管口喷出，即可排出气泡。

排出气泡后补加溶液到零刻度线以上，然后再调整至零刻度线位置。

(4) 读数：读数前，垂直静置 1 min。

读数时：管内壁无液珠，尖嘴无气泡，尖嘴外无液滴。

读数方法：取下滴定管，用右手大拇指和食指捏住滴定管上部无刻度处，使滴定管保持垂直，使自己的视线与所读的液面处于同一水平。

一般滴定管应读取弯月面最低点所对应的刻度。

(5) 滴定：读取初读数后，将滴定管下端插入锥形瓶约 1 cm 处，再进行滴定。

酸式：左手拇指与食指跨握滴定管的活塞处，与中指一起控制活塞的转动。

碱式：左手拇指与食指捏住玻璃珠外侧的乳胶管向外捏，形成一条缝隙。

注意事项：不要使玻璃珠上下移动，更不要捏玻璃珠下部的乳胶管，以免产生气泡。左手控制流速，右手拿锥形瓶，单方向旋转。

滴定速度的控制：先快后慢。开始时可以 10 mL/min 速度进行。

平行实验：每次将刻度调到零刻度线，以减少系统误差。

最后整理：实验完毕，放出剩余溶液，洗净，备用。

2. 容量瓶使用（包括检漏、洗涤、配制和注意事项等）

(1) 检漏：检漏方法是加自来水至刻度线附近，盖好瓶塞后，用左手食指按住，同时用右手托住瓶底边缘，将瓶倒立 2 min，如不漏，将瓶直立，把瓶塞转动 180°，再倒立 2 min，不漏即可使用。

(2) 洗涤：无明显油污，用自来水洗涤；有明显油污，用 H_2CrO_4 洗液洗涤，倾斜转动，使洗液充分润洗，然后将洗液倒回洗液瓶，再用自来水冲洗。

(3) 配制和注意事项：

①将准确称量的药品倒入干净的小烧杯中，加入少量溶剂使其完全溶解，再转移至容量瓶中。

注意事项：如使用非水溶剂，则小烧杯及容量瓶都应事先用该溶剂润洗 2~3 次。

②定量转移时，右手持玻璃棒放入容量瓶内，玻璃棒下端靠在瓶颈内壁；左手拿烧杯，烧杯嘴紧靠玻璃棒，使溶液沿玻璃棒流入。

③将玻璃棒取出放入烧杯内，用少量溶剂冲洗玻璃棒和烧杯内壁，也同样转移到容量瓶中，如此重复 3 次。

④补充溶剂，当容量瓶内的溶液体积至 3/4 左右时，可初步摇荡均匀，再继续加溶剂至标线附近，最后改用滴管加入，直到溶液的弯月面恰好与标线相切。

⑤盖上瓶塞，将容量瓶倒置，反复 10 次以上，使溶液均匀，防止漏溶液。

注意事项：容量瓶不能长期储存试剂，如要长期使用，应转入试剂瓶中。

3. 移液管使用（包括洗涤、润洗和移液等）

(1) 洗涤：无明显油污，用自来水洗涤；有明显油污，用 H_2CrO_4 洗液洗涤。

方法：吸入 1/3 体积洗液，平放并转动移液管，然后用自来水冲洗，再用去离子水清洗 2~3 次备用。

(2) 润洗：用吸水纸吸净尖端内外的残留水，然后用待取溶液润洗 2~3 次。

(3) 移液：

①将润洗好的移液管插入待取溶液下 1~2 cm 处。

②右手拇指与中指拿住移液管标线以上部分，左手拿洗耳球。
③当液面上升至标线以上时，拿掉洗耳球，立即用食指堵住管口。
④将移液管提出液面，倾斜容器，使管尖与容器内壁成45°，然后用拇指和中指慢慢转动移液管，使液面缓慢下降，直到弯月面与标线相切。
⑤立即用食指按紧管口，使液体不再流出，然后小心地把移液管移入接收溶液的容器中，松开食指，让溶液自由流下，当溶液流尽后，再停15 s，左右转动移液管，然后取出。

4. 玻璃漏斗的使用和过滤技术

常用的过滤方法：常压过滤、减压过滤和热过滤。下面主要介绍常压过滤。

（1）滤纸的选择：定性滤纸和定量滤纸；快速，中速，慢速。
（2）滤纸的折叠：采用四折法。
（3）漏斗的准备：锥体角度应为60°，颈的直径一般为3~5 mm，颈长为15~20 cm，颈口处磨成45°。
（4）过滤方法：
①倾注法，尽可能地过滤清液。
②将沉淀转移到漏斗上。
③清洗烧杯和洗涤漏斗上的沉淀。
（5）沉淀的洗涤：目的是将沉淀表面所吸附的杂质和残留的母液除去；洗涤沉淀要少量多次；洗涤剂的选择，应根据沉淀的性质而定。

三、思考题

（1）玻璃制品制作后为何要退火？
（2）玻璃仪器干燥的方法有哪些？

实验二　熔点的测定

【实验目的】

（1）了解熔点测定的意义。
（2）掌握熔点测定的方法。

【实验内容】

一、实验原理

当结晶物质加热到一定的温度时，其由固态转变为液态，此时的温度为该化合物的熔点，或者说，熔点为在大气压下固液两态达到平衡时的温度。纯粹的固体有机化合物一般有其固定的熔点。常用熔点测定法来鉴定纯粹固体有机化合物。纯化合物开始熔化至完全熔化（初熔至全熔）的温度范围叫熔程，一般不超过0.5~1 ℃。如果该化合物含有杂质，其熔点往往偏低，且熔程也较长，所以根据熔程长短可判别固体化合物的纯度。

二、实验仪器及试剂

（1）仪器：提勒管或双浴式熔点管、温度计、熔点管、长玻璃管（70~80 cm）、玻璃棒、表面皿、小胶圈、酒精灯、铁架台、显微熔点测定仪。

（2）试剂：苯甲酸、尿素、丙三醇。

三、实验步骤

由于熔点的测定对有机化合物的研究具有很大价值，因此如何测出准确的熔点是一个重要问题。目前测定熔点的方法以毛细管法最为简便。

1. 毛细管法测定熔点

1）样品的装入

放少许待测熔点的干燥样品（约 0.2 g）于干净的表面皿上，将它研成粉末。将熔点管开口端向下插入样品粉末中，然后把熔点管开口端向上，轻轻地在桌面上敲击，以使粉末落入管底。或者取一支长 70~80 cm 的玻璃管，垂直于干净的表面皿上，将熔点管从玻璃管上端自由落下，这样可更好地达到上述目的，为了使管内装入高 2~3 mm 紧密结实的样品，一般需如此重复数次。沾于管外的粉末需拭去，以免沾污加热浴液。要测得准确的熔点，样品一定要研得极细，装得密实，使热量的传导迅速均匀。对于蜡状的样品，为了解决研细及装管的困难，可选用较大口径（2 mm 左右）的熔点管。

2）熔点浴

熔点浴的设计最重要的一点是要使样品受热均匀。下面介绍两种在实验室中最常用的熔点浴。

（1）提勒管（Thiele 管）：又称 b 形管，如图 2-2-1（a）所示。管口装有开口软木塞，温度计插入其中，刻度应面向木塞开口，其水银球位于 b 形管上下两叉管口之间，装好样品的熔点管，借少许浴液黏附于温度计下端，使样品部分置于水银球侧面中部 [见图 2-2-1（b）]。b 形管中装入加热液体（浴液），高度达上叉管以上即可。在图示的部位加热，受热的浴液沿管做上升运动，从而使整个 b 形管内浴液呈对流循环，温度较均匀。

（2）双浴式熔点管：如图 2-2-1（c）所示，将试管经开口软木塞插入 250 mL 平底（或圆底）烧瓶内，直至离瓶底约 1 cm 处，试管口也配一个开口软木塞，插入温度计，其水银球应距试管底 0.5 cm。瓶内装入约占烧瓶 2/3 体积的浴液，试管内也放入一些浴液，使其在插入温度计后，液面高度与瓶内相同。熔点管黏附于温度计，和在 b 形管中相同。

测定熔点时，凡是样品熔点在 220 ℃ 以下的，可采用浓硫酸作为浴液。但高温时，浓硫酸将分解生成三氧化硫和水。长期不用的熔点浴应先渐渐加热去掉吸入的水分，如加热过快，浴液就有冲出的危险。

当有机物和其他杂质触及浓硫酸时，会使浓硫酸变黑，有碍熔点的观察。此时可加入少许硝酸钾晶体共热后使之脱色。

如果将 7 份浓硫酸和 3 份硫酸钾或 5.5 份浓硫酸和 4.5 份硫酸钾在通风橱中一起加热，直至固体溶解，这样的溶液可应用在 220~320 ℃。若以 6 份浓硫酸和 4 份硫酸钾混合，则

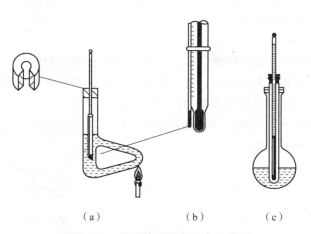

图 2-2-1　毛细管法测定熔点的装置

可使用至 365 ℃。但此类浴液不适用于测定低熔点的化合物，因为它们在室温下呈半固态或固态。

除用浓硫酸作浴液外，还可采用磷酸、石蜡油或有机硅油等作浴液。

3）熔点的测定

将 b 形管垂直夹于铁架上，按前述方法装配完毕，以丙三醇作为浴液，用温度计水银球蘸取少许丙三醇滴于熔点管上端外壁上，即可使之黏着，如图 2-2-1（b）所示。或剪取一小段橡皮圈，将此橡皮圈套在温度计和熔点管的上部［见图 2-2-1（b）］。将黏附有熔点管的温度计小心地伸入加热浴中，以小火在图 2-2-1（a）所示部位缓缓加热。开始时升温速度可以较快，到距离熔点 10～15 ℃时，调整火焰使升温速度控制在 1～2 ℃/min。越接近熔点，升温速度应越慢（掌握升温速度是准确测定熔点的关键）。这一方面是为了保证有充分的时间让热量由管外传至管内，以使固体熔化；另一方面是因为观察者不能同时观察温度计所示读数和样品的变化情况，只有缓慢加热，才能使此项误差减小。记下样品开始塌落并有液相产生时（初熔）和固体完全消失时（全熔）的温度计读数，即该化合物的熔程。要注意在初熔前是否有萎缩或软化、放出气体以及其他分解现象。例如某物质在 120 ℃时开始萎缩，在 121 ℃时有液滴出现，在 122 ℃时全部液化，应记录如下：熔点 121～122 ℃，120 ℃时萎缩。

熔点测定，至少要有两次重复的数据。每次测定都必须用新的熔点管另装样品，不能将已测过熔点的熔点管冷却，使其中的样品固化后再做第二次测定。因为有时某些物质会产生部分分解，有些会转变成具有不同熔点的其他结晶形式。测定易升华物质的熔点时，应将熔点管的开口端烧熔封闭，以免升华。

如果要测定未知物的熔点，应先对样品粗测一次。加热可以稍快，知道大致的熔点范围后，待浴液温度冷却至熔点以下约 30 ℃，再取另一根装样品的熔点管做精密的测定。

熔点测好后，温度计的读数需对照温度计校正图进行校正。

一定要待浴液冷却后，方可将丙三醇倒回瓶中。温度计冷却后，方可用水冲洗丙三醇，否则温度计极易炸裂。

2. 微量熔点测定法测定熔点

1) 显微熔点测定仪

用毛细管法测定熔点，操作简便，但样品用量较大，测定时间长，同时不能观察样品在加热过程中晶形的转化及其变化过程。为克服这些缺点，实验室常采用显微熔点测定仪。

显微熔点测定仪主要由显微镜和微量加热台两部分组成。

显微镜可以是专用于这种仪器的特殊显微镜，也可以是普通的显微镜。显微熔点测定仪的示意图如图 2-2-2 所示。

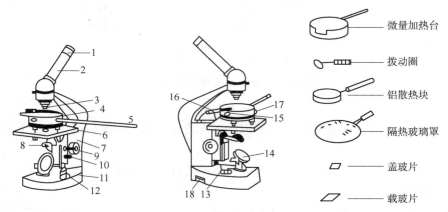

图 2-2-2 显微熔点测定仪的示意图

1—目镜；2—棱镜检偏部件；3—物镜；4—微量加热器；5—温度计；6—载热台；7—镜身；
8—起偏振件；9—粗动手轮；10—止紧螺钉；11—底座；12—波段开关；13—电位器旋钮；
14—反光镜；15—拨动圈；16—隔热玻璃罩；17—地线柱；18—电压表

显微熔点测定仪有以下优点：

（1）可测微量样品的熔点。

（2）可测高熔点（熔点可达 350 ℃）的样品。

（3）通过放大镜可以观察样品在加热过程中变化的全过程，如失去结晶水、多晶体的变化及分解等。

2) 实验操作

先将载玻片洗净擦干，放在一个可移动的载片支持器内，将微量样品放在载玻片上，使其位于加热器的中心孔上，用盖玻片将样品盖住，放在圆玻璃盖下，打开光源，调节镜头，使显微镜焦点对准样品，开启加热器，用可变电阻调节加热速度，自显微镜的目镜中仔细观察样品晶形的变化和温度计的上升情况（本仪器目镜视野分为两半，一半可直接看出温度计所示温度，另一半可观察晶体的变化）。当温度接近样品的熔点（本实验所用样品为苯甲酸，其熔点在 122.4 ℃，注意它本身易于升华）时，控制温度上升的速度为 1~2 ℃/min，当样品晶体的棱角开始变圆时，即晶体开始熔化，晶形完全消失即熔化完毕。重复两次读数。

测定完毕，停止加热，稍冷，用镊子去掉圆玻璃盖，拿走载片支持器及载玻片，放上水冷铁块加快冷却，待仪器完全冷却后小心拆卸和整理部件，装入仪器箱内。

四、温度计校正

用以上方法测定熔点时，温度计上的熔点读数与真实熔点之间常有一定的偏差，这可能是由温度计的质量所引起的。例如一般温度计中的毛细孔径不一定是均匀的，有时刻度也不是很准确。此外，温度计有全浸式和半浸式两种。全浸式温度计的刻度是在温度计的汞线全部均匀受热的情况下刻出来的，而在测熔点时仅有部分汞线受热，因而露出的汞线温度较全部受热者低。另外经长期使用的温度计，玻璃也可能发生体积变形而使刻度不准。为了校正温度计，可选用标准温度计与之比较。通常也可采用纯粹有机化合物的熔点作为校正的标准。通过此法校正的温度计，上述误差可一并除去。校正时，只要选择多种已知熔点的纯粹化合物作为标准，测定它们的熔点，以观察到的熔点作纵坐标，以测得熔点与标准熔点的差作横坐标，画成曲线，在任一温度时的读数即可直接从曲线中读出。

用熔点方法校正温度计常用标准样品如表 2-2-1 所示，校正时可以具体选择。

表 2-2-1　用熔点方法校正温度计常用标准样品

标准样品名称	标准熔点/℃	标准样品名称	标准熔点/℃
蒸馏水-冰	0	萘	80.55
α-萘胺	50	间二硝基苯	90.02
二苯胺	53~54	二苯乙二酮	95~96
对二氯苯	53	乙酰苯胺	114.3
苯甲酸苄酯	71	苯甲酸	122.4
二苯基羟基乙酸	151	尿素	135
水杨酸	159	3,5-二硝基苯甲酸	205
对苯二酚	173~174	蒽	216.2~216.4
酚酞	262~263	咖啡因	236
蒽醌	286（升华）	D-甘露醇	168
马尿酸	187		

注意：零点的测定最好用蒸馏水和冰的混合体。在一个 15 cm×φ2.5 cm 的试管中放置蒸馏水 20 mL，将试管浸在冰盐浴中至蒸馏水部分结冰，用玻璃棒搅动使之成冰水混合物，将试管自冰盐浴中移出，然后将温度计插入冰水中，轻轻搅动混合物，至温度恒定 2~3 min 后再读数。

五、实验关键及注意事项

影响毛细管法测定熔点的主要因素及措施有以下几方面：

（1）熔点管本身要干净，管壁不能太厚，封口要均匀。初学者容易出现的问题是封口一端发生弯曲和封口端壁太厚，所以在熔点管封口时，一端在火焰上加热时，要尽量让熔点管接近垂直方向，火焰温度不宜太高，最好用酒精灯断断续续地加热，封口要圆滑，以不漏气为原则。

（2）样品一定要干燥，并要研成细粉末，向熔点管内装样品时，一定要反复冲撞夯实，管外样品要用卫生纸擦干净。

(3) 用橡皮圈将熔点管缚在温度计旁,并使装样部分和温度计水银球处在同一水平位置,同时要使温度计水银球处于 b 形管两侧管中心部位。

(4) 升温速度不宜太快,特别是当温度将要接近该样品的熔点时,升温速度更不能快。一般情况是,开始升温时速度可稍快些(5 ℃/min),当接近该样品熔点时,升温速度要慢(1~2 ℃/min),对未知物熔点的测定,第一次可快速升温,测定化合物的大概熔点。

(5) 熔点温度范围(熔程、熔点、熔距)的观察和记录。注意观察时,样品开始萎缩(塌落)并非熔化开始的指示信号,实际的熔化开始于能看到第一滴液体时,记下此时的温度,到所有晶体完全消失成透明液体时再记下此时的温度,这两个温度即该样品的熔点范围。

(6) 熔点的测定至少要有两次重复的数据,每一次测定都必须用新的熔点管,装新样品。进行第二次测定时,要等浴液温度冷却至其熔点以下约 30 ℃ 再进行。

(7) 使用浓硫酸作浴液(加热介质)要特别小心,不能让有机物碰到浓硫酸,否则会使溶液颜色变深,有碍熔点的观察。若出现这种情况,可加入少许硝酸钾晶体共热后使之脱色。使用浓硫酸作浴液,适用于测熔点在 220 ℃ 以下的样品。若要测熔点在 220 ℃ 以上的样品可用其他浴液。

(8) 测定工作结束,一定要等浴液冷却后方可将浓硫酸倒回瓶中。温度计也要等冷却后,用废纸擦去硫酸方可用水冲洗,否则温度计极易炸裂。

(9) 用显微熔点测定仪测熔点,在使用仪器前必须仔细阅读使用指南,严格按操作规程进行。

六、思考题

(1) 测熔点时,若有下列情况将产生什么结果?
①熔点管管壁太厚。
②熔点管底部未完全封闭,尚有一个针孔。
③熔点管不洁净。
④样品未完全干燥或含有杂质。
⑤样品研得不细或装得不紧密。
⑥加热太快。

(2) 是否可以使用第一次测熔点时已经熔化的有机化合物再进行第二次测定呢?为什么?

实验三　旋光度及折射率的测定

【实验目的】

(1) 了解旋光仪的基本原理及测定物质旋光度的意义。
(2) 学会使用旋光仪测定物质的旋光度。
(3) 了解阿贝折射仪的构造和测定原理。
(4) 掌握用阿贝折射仪测定液态物质折射率的方法。

【实验内容】

一、实验原理

1. 旋光度测定实验原理

1）平面偏振光与旋光性

光是一种电磁波，其振动方向垂直于光波前进的方向。普通光中含有各种波长的光线，可以在空间各个不同的平面上发生振动［见图 2-3-1（a）］，若使一定波长的光线通过一个尼可尔棱镜［方解石棱镜，见图 2-3-1（b）］，则一部分光线就会被阻挡而不能通过。因为尼可尔棱镜具有一种特殊的性质，它只能使与其晶轴平行振动的光线通过。如果这个棱镜的晶轴是直立的，那么只有在这个直立平面上振动的光线才能通过。通过棱镜的光线只在一个平面上振动，这种光就叫作平面偏振光，简称偏振光［见图 2-3-1（c）］。若使偏振光射在第二个尼可尔棱镜上，只有第二个棱镜的晶轴和第一个棱镜的晶轴平行时，偏振光才能完全通过，若互相垂直则完全不能通过（见图 2-3-2），就像一本合上的书，只有刀口和书页平行时，刀才能插进书内。

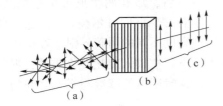

图 2-3-1　偏振光示意图

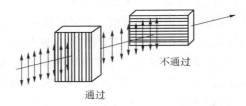

图 2-3-2　偏振光通过位置不同的尼可尔棱镜

如果在晶轴平行的两个尼可尔棱镜之间放入一支玻璃管，向玻璃管内分别放入不同的有机物溶液，然后将光源从第一个棱镜向第二个棱镜的方向照射，并在第二个棱镜后面观察。可以发现，当玻璃管内放入乙醇、丙酮等物质时，仍能见到最大强度的亮光；当玻璃管内放入葡萄糖、果糖或乳酸等物质的溶液时，所见到的光，其强度减弱；当将第二个棱镜向左或向右转动一定角度时，又能见到最大强度的光。这种现象显然是葡萄糖、乳酸等物质把偏振光的振动平面旋转了一定角度所造成的。

这样就可以把物质分为两类，一类对偏振光不产生影响，如乙醇、丙酮、水等；另一类如乳酸、葡萄糖等，它们具有使偏振光的振动平面发生旋转的性质，这种性质叫作旋光性或光学活性。具有这种性质的物质叫作旋光性物质或光学活性物质。

第二个棱镜旋转的方向就代表旋光性物质的旋光方向。能使偏振光的振动平面按顺时针方向旋转的旋光性物质叫作右旋体，相反称为左旋体。能测定物质旋光性的仪器称为旋光仪。

2）旋光度和比旋光度

旋光性物质使偏振光旋转的角度称为该旋光性物质的旋光度，一定条件下，旋光度是旋光性物质所特有的物理常数。因此，测定旋光性物质旋光度的大小可用于鉴别这类化合物。

(1) 旋光仪。旋光仪（见图 2-3-3）是用于测定旋光性物质旋光度的仪器。旋光仪的主要组成部分包括尼可尔棱镜、盛液管、刻度盘和单色光源。

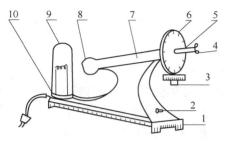

图 2-3-3　旋光仪示意图

1—底座；2—电源开关；3—刻度盘转动手轮；4—放大镜座；5—视度调节螺丝；6—刻度盘游标；
7—镜筒；8—镜盖连接圈；9—钠光灯罩；10—灯座

图 2-3-4 中，3 是起偏镜，是一个固定不动的尼可尔棱镜，它的作用是把投射过来的光变成偏振光；1 是光源；6 是检偏镜，它是一个可以旋转的尼可尔棱镜，用来测定偏振光旋转的角度；刻度盘 8 用来读偏振光被旋转的角度；5 是盛液管，放在两个尼可尔棱镜之间，用来装被测定的液体或溶液；7 是目镜；在起偏镜后面加上一个小尼可尔棱镜 4，它的位置与起偏镜成一个小角度，它的作用是使目镜的视野中出现亮度不同的明暗界限。在使用旋光仪时，应先旋转检偏镜，使视野中明暗亮度相等，得到零点。在放入旋光性物质后，视野中明暗亮度是不相等的。旋转检偏镜，使视野中亮度一致，这时所得的读数与零点之间的差即该物质的旋光度。

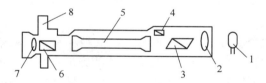

图 2-3-4　旋光仪内部结构示意图

1—光源；2—小孔光阑；3—起偏镜；4—尼可尔棱镜；5—盛液管；6—检偏镜；7—目镜；8—刻度盘

(2) 旋光度与比旋光度。物质的旋光度除与物质的结构有关外，还随测定时所用溶液的浓度、盛液管的长度、温度、光的波长以及溶剂的性质等而改变。如果把这些影响因素加以固定，不同旋光性物质的旋光度各为一个常数，通常用比旋光度 $[\alpha]_\lambda^t$ 表示。旋光度与比旋光度之间的关系可用下式表示：

$$[\alpha]_\lambda^t = \frac{\alpha}{c \cdot l}$$

式中，α 为由旋光仪测得的旋光度；λ 为所用光源的波长；t 为测定时的温度；c 为溶液的浓度，以每毫升溶液中所含溶质的克数表示；l 为盛液管的长度，以 dm 表示。

当 c 和 l 都等于 1 时，则 $[\alpha]_\lambda^t = \alpha$，因此比旋光度的定义是：在一定温度下，光的波长一定，1 mL 溶液中含有 1 g 旋光性物质时，放入 1 dm 长的盛液管中测出的旋光度。

在测定旋光度时，一般以钠光灯作光源，波长是 589.3 nm，通常用 D 表示。例如，葡萄糖的比旋光度为 $[\alpha]_D^{25} = +52.5°$，表示测定葡萄糖旋光度时，是在 25 ℃，以钠光灯作光源，然后通过公式计算出比旋光度是 52.5°，同时表示其旋光方向为右旋。

比旋光度与物质的熔点、沸点、密度等一样，是重要的物理常数，有关数据可在手册和文献中查到。如果待测的旋光性物质为液体，可直接放在盛液管中进行测定，不必配成溶液，但在计算比旋光度时，需把公式中的 c 换成该物质的密度 d。

通过旋光度测定，可以计算比旋光度；根据比旋光度，也能计算被测物质溶液的浓度。例如，某物质的水溶液[浓度为 5 g/(100 mL)]在 1 dm 长的管内，它的旋光度是 -4.64°，按照上面公式计算，它的比旋光度应为

$$[\alpha]_\lambda^t = \frac{-4.64}{1 \times 5/100} = -92.8°$$

果糖的比旋光度为 -93°，因此可以说该未知物可能是果糖。

3）分子手性与旋光性

前面提到有些化合物具有旋光性，而有的化合物却无旋光性，物质的旋光性与分子结构有什么关系呢？

人们在寻找旋光性与化学结构的关系时发现，如果物质的分子和它的镜像不能重合，这种物质就有旋光性；反之，如果物质的分子与它的镜像能够重合则不具有旋光性。物质分子不能与镜像重合，就像我们的左、右手一样，看起来一样，但不能完全重合，因此我们把这种现象称为手性，所以也可以说手性是物质具有旋光性的必要条件。具有手性的分子称为手性分子，要判断一个分子是否具有手性，必须考虑其对称因素，如对称面、对称中心等。具有对称面、对称中心的分子，与其镜像能够完全重叠，是非手性分子，因此无旋光性。一般情况下，如果物质在分子结构上不具有对称面、对称中心，该分子就为不对称分子，这种物质就具有手性，也具有旋光性。因此，物质的旋光性和分子的对称因素有关，只有结构上不对称的分子才具有旋光性。

使分子成为手性的因素很多，如手性中心、手性轴、手性面等，大多数化合物有手性中心，且其手性中心为不对称碳原子，即手性碳原子。我们把与 4 个不相同的原子或基团相连的碳原子称为手性碳原子（手性碳原子都是 sp^3 杂化的饱和碳原子）。除手性碳原子外，还有手性硅原子、手性硫原子、手性氮原子等。因此，根据物质的分子结构是否有手性，就可推测其是否有旋光性。

2. 折射率测定实验原理

根据折射定律，折射率即光线入射角正弦与折射角正弦的比值，当入射角等于 90°时，$n = 1/\sin\beta_0$，此时测出临界角 β_0 的大小就可得到折射率。

阿贝折射仪就是基于这种原理制成的，通过调节，使入射角达到 90°，就可直接读出折射率（仪器本身已将临界角换算成折射率）。

二、实验仪器及试剂

（1）仪器：WXG-4 旋光仪、阿贝折射仪。
（2）试剂：葡萄糖、无水乙醇、丙酮、乙酸乙酯。

三、实验步骤

1. 葡萄糖溶液旋光度的测定

（1）试样的配制。用分析天平称取 10.05 g 葡萄糖，用水溶解后转入 100 mL 的容量瓶中，加水定容，摇匀备用。

（2）旋光仪零点校正。在测定样品前，要先对旋光仪进行零点校正。将盛液管洗净后装上蒸馏水，使液面凸出管口，将玻璃盖沿管口边缘轻轻平推盖好，尽量不要带入气泡，然后旋上螺旋帽盖，使之不漏水。将装水盛液管擦干后，放入旋光仪内，盖上盖子，开启钠光灯，将仪器预热 5~10 min，待光源稳定后，将刻度盘调在零点左右，旋转调节器，使视野内三分视场明暗程度一致且最暗，此时为零视场，光度变化非常灵敏。记下读数，重复操作 3~5 次，取平均值作为零点。

（3）旋光度测定。将盛液管用试样溶液润洗 2~3 次，然后装满溶液，将盛液管放入镜筒内（如有很小的气泡，对柱型盛液管来说，可将气泡赶到凸起部分，否则会影响测定结果）。旋转调节器，使视野出现三分视场均匀一致（最暗），记下读数。所得读数与零点的差值，即该物质的旋光度。

根据盛液管长度和溶液浓度，计算该温度下物质的比旋光度。

2. 折射率的测定

（1）打开直角棱镜，用丝绸或擦镜纸蘸少量乙醇或丙酮轻轻擦洗上下镜面，不可来回擦，只可单向擦。待晾干后方可使用。

（2）阿贝折射仪的量程为 1.300 0~1.700 0，精密度为 ±0.000 1，温度应控制在 ±0.1 ℃ 的范围内。恒温达到所需要的温度后，将待测样品的液体 2~3 滴均匀地置于磨砂面棱镜上，滴加样品时应注意，切勿使滴管尖端直接接触镜面，以防造成刻痕。关紧棱镜，调好反光镜使光线射入。对于易挥发液体，应以敏捷熟练的动作测其折射率。

（3）先轻轻转动左面刻度盘，并在右面镜筒内找到明暗分界线。若出现彩色光带，则调节消色散镜，使明暗分界线清晰。再转动左面刻度盘，使分界线对准交叉线中心，记录读数与温度，重复一次。

（4）测完后，应立即以上述方法擦洗上下镜面，晾干后再关闭。

在测定样品之前，应对阿贝折射仪进行校正。通常先测纯水的折射率，将重复两次测得的纯水的平均折射率与其标准值比较，可求得阿贝折射仪的校正值。校正值一般很小，若数值太大，必须调整镜筒上的示值调节螺钉，对整个仪器重新进行校正。

四、思考题

（1）物质旋光度与哪些因素有关？
（2）为什么新配的葡萄糖溶液需放置一段时间后方可测定旋光度？
（3）测定物质旋光度有何意义？
（4）如盛液管中有大气泡，对测定结果有什么影响？
（5）测定物质折射率的意义是什么？
（6）每次测定前为什么都要用无水乙醇清洗镜面？
（7）影响折射率测定的因素有哪些？

第 3 章　基本操作

实验一　蒸馏及沸点测定

【实验目的】

（1）了解测定沸点的意义。
（2）掌握常量法（即蒸馏法）及微量法测定沸点的原理和方法。

【实验内容】

一、实验原理

液体在一定的温度下，具有一定的蒸气压，一般来说，液体的蒸气压随着温度的升高而增大。图 3-1-1 所示为典型的蒸气压-温度曲线。

如果装有液体的容器与大气相通，液体的沸点将是液体的蒸气压与大气压相等时的温度。纯液体的蒸气压随温度的升高而稳定地上升，直至到达沸点，这时有大量气泡从液体中逸出，即液体沸腾。利用液体的这一性质，将液体加热至沸腾，使其变成蒸气，再使蒸气通过冷却装置冷凝，并将冷凝液体收集到另一个容器中。

为了消除蒸馏过程中的过热现象和保证沸腾的平稳状态，常加入素烧瓷片或沸石，或一端封口的毛细管，因为它们都能防止加热时的暴沸现象，故把它们叫作止暴剂或助沸剂。在加热蒸馏前就应加入止暴剂。不能匆忙加入止暴剂，因为在液体沸腾时投入止暴剂，将会引起猛烈的暴沸，液体会冲出瓶口，若是易燃的液体，将会引起火灾，所以应使沸腾的液体冷却至沸点以下，才能加入止暴剂。如蒸馏中途停止，后来需要继续蒸馏，也必须在加热前添加新的止暴剂才安全。

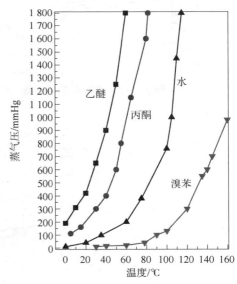

图 3-1-1　典型的蒸气压-温度曲线

由于低沸点物易挥发，高沸点物难挥发，固体物更难挥发，甚至可粗略地认为大多数固体物不挥发，因此，通过蒸馏可把沸点相差较大的两种或两种以上的液体混合物逐一分开，达到纯化的目的，也可将易挥发物和难挥发物分开，达到纯化的目的。

蒸馏时，首先应将液体加热至沸腾，只要在液体沸腾后测出气液平衡时的温度，这个温度就是液体的沸程（沸点的温度范围）。纯液体，在一定的压力下有一定的沸点和沸程（1~2 ℃），但是只要有杂质存在，不仅沸点会变化，而且沸程也会加大。因此，测出化合物的沸程便可知其纯度（恒沸混合物除外），故蒸馏也可用于纯度的检验。

二、实验仪器及试剂

（1）仪器：电热套、圆底烧瓶、蒸馏头、温度计、直形冷凝管、接引管、锥形瓶。
（2）试剂：工业酒精。

三、实验步骤

1. 蒸馏装置及安装
1）蒸馏装置
蒸馏装置如图 3-1-2~图 3-1-4 所示。

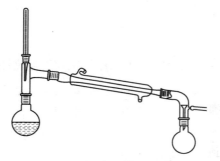

图 3-1-2　水冷凝蒸馏装置

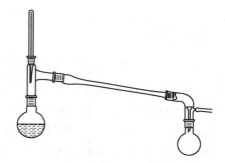

图 3-1-3　空气冷凝蒸馏装置

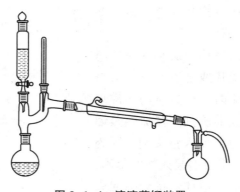

图 3-1-4　滴液蒸馏装置

实验室的蒸馏装置主要包括下列三个部分：

（1）圆底烧瓶：容器内液体在瓶内受热汽化，蒸气经蒸馏头的侧管进入冷凝管。圆底烧瓶的大小应根据蒸馏的液体的体积来决定，通常所蒸馏的液体的体积不应超过圆底烧瓶体积的2/3，也不应少于其1/3。

（2）冷凝管：由圆底烧瓶中蒸出的气体在冷凝管中被冷凝为液体。液体的沸点高于140 ℃时用空气冷凝管，低于140 ℃时用直形冷凝管。冷凝管下端侧管为进水口，上端侧管为出水口，安装时，出水口应向上才可保证套管内充满水。冷凝管的种类很多见。分离多组分混合物时，为确保所需馏分的纯度，不应使用球形冷凝管，因为球的凹部会存有馏出液，使不同组分的分离变得困难。

（3）接收器：最常用的是锥形瓶，用于收集冷凝后的液体。要收集几个组分，就应准备几个接收器，其中所需馏分必须用干净的并事先称量好的容器来接收。接收器的大小应与可能得到的馏分的多少匹配。若馏出液有毒、易挥发、易燃、易吸潮或蒸馏过程放出有毒、有刺激性气味的气体，应根据具体情况，在安装接收器时，采取相应的措施妥善解决。

2）安装方法

（1）准备好所用的全部仪器、设备，包括电热套、蒸馏头、温度计套管、直形冷凝管及温度计，根据液体的体积选择好圆底烧瓶和接收器。

如用直形冷凝管，应将其进出水口套上橡皮管，进水口橡皮管连接到水龙头上，出水口橡皮管通入水槽中。

（2）组装仪器，包括铁架台、电热套、升降台。

根据所用电热套，将圆底烧瓶固定在合适的位置上，夹子应夹在圆底烧瓶的瓶颈处，且不应夹得太紧。

装配有温度计的温度计套管装在圆底烧瓶口处，调节温度计的位置，使水银球的上沿恰好位于蒸馏头支管口下沿所在的水平线上，如图3-1-5所示。

根据蒸馏头支管的位置，用另一个铁架台夹稳冷凝管，通常用双爪夹夹持冷凝管，不应夹得太紧，夹在冷凝管的中部较为稳妥。冷凝管的位置与蒸馏头的支管应尽可能处于同一直线上，随后松开双爪夹挪动，重复数次使其与圆底烧瓶、蒸馏头连接好，重新旋紧。

最后，将接引管接到冷凝管上，再在接引管口下端安放好接收器，如烧瓶或锥形瓶。

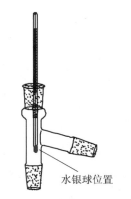

图3-1-5　温度计的正确位置

综上所述，安装顺序是：由下而上，由头至尾，即电热套→圆底烧瓶→蒸馏头→冷凝管→接引管→接收器。

以上安装方法适用于标准磨口玻璃仪器的组装。

3）蒸馏操作

（1）加料。仪器组装好后，向圆底烧瓶中加入要蒸馏的液体（本实验用工业乙醇）。加入数粒止暴剂。安装好蒸馏装置。

（2）加热。加热前，应缓慢地向冷凝管中通入冷却水，然后用电热套加热。慢慢加热使液体沸腾进行蒸馏，接近沸腾时，要密切注意圆底烧瓶中所发生的现象及温度计读数的变化。控制蒸馏速度以每秒自接引管滴下 1~2 滴馏液为宜。在蒸馏过程中，应使温度计水银球常有被冷凝的液滴，此时温度计的读数就是馏出液的沸点。收集所需温度范围的馏出液。

烧瓶中残留少量（0.5~1 mL）液体时，应停止蒸馏；或维持原来加热温度，不再有馏液蒸出，温度突然下降时，就应停止蒸馏，即使杂质量很少，也不能蒸干。

蒸馏完毕，先停止加热，后停止通冷却水，再按照安装时相反的顺序拆卸仪器。

2. 工业乙醇的蒸馏及沸点测定

1）工业乙醇的蒸馏

按图 3-1-2 安装仪器。

在 50 mL 圆底烧瓶中，加入 25 mL 工业乙醇，加入 2~3 粒沸石，安装好蒸馏装置。通入冷却水，然后用电热套加热。注意观察圆底烧瓶中的现象和温度计读数的变化。当瓶内液体开始沸腾时，蒸气前沿逐渐上升，待到达温度计时，温度计读数急剧上升。这时应适当控制加热，使温度略为下降，让水银球上的液滴和蒸气达到平衡，然后再进行蒸馏。控制馏流出的液滴，以每秒 1~2 滴为宜。当温度计读数上升至 77 ℃时，换一个已称量过的干燥的锥形瓶作接收器，收集 77~79 ℃的馏分。当圆底烧瓶内只剩下少量（0.5~1 mL）液体时，若维持原来的加热速度，温度计的读数会突然下降，即可停止蒸馏。不应将瓶内液体完全蒸干。称量所收集馏分的质量或体积，并计算回收率。

2）微量法测定沸点

测定95%乙醇的沸点，其装置如图 3-1-6 所示。

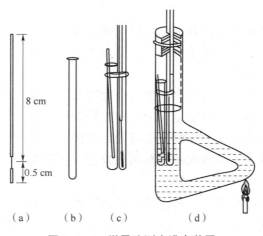

图 3-1-6 微量法测定沸点装置

取一根直径 3~4 mm、长 7~8 cm 的毛细管，用小火封闭其一端，作为沸点管的外管，放入待测定的样品 4~5 滴，在此管中放入一根长 8~9 cm、直径约 1 mm 的上端封闭的毛细管作为内管。把这个微量沸点管贴于温度计水银球旁，装入浴液中。加热，由于气体膨胀，内管中有断断续续的小气泡冒出，到达样品的沸点时，将出现一连串的小气泡，此时应停止加热，使浴液温度自行下降，气泡逸出的速度即渐渐减慢，仔细观察，最后一个气泡出现而刚欲缩回至内管的瞬间，表示毛细管内液体的蒸气压与大气压平衡时的温度，亦是此液体的沸点。记录测得的数据，并与常量法作比较。

95%乙醇的沸点为 78.2 ℃。

四、实验关键及注意事项

（1）冷却水流速应以能保证蒸气充分冷凝为宜，通常只需保持缓缓水流即可。
（2）温度计水银球的上沿与蒸馏头支管口的下沿在同一水平线上。
（3）圆底烧瓶内的液体体积应占整个烧瓶容积的 1/3~2/3，不能太多，也不能过少。
（4）加热前一定要加沸石等止暴剂。
（5）加热前一定要先通冷却水，冷却水应是"下进上出"；实验完毕，应先停止加热，稍等几分钟，等温度稍微降低后再停止通冷却水。
（6）蒸馏速度的控制十分重要，不应太快或太慢。在蒸馏过程中，应始终保持温度计水银球上有稳定的液滴，这是气液两相平衡的象征。这时，温度计的读数便能代表液体的沸点。

五、主要试剂及产物的物理常数

95%乙醇的物理常数如表 3-1-1 所示。

表 3-1-1　95%乙醇的物理常数

名称	熔点/℃	沸点/℃	相对密度	溶解度/[g·(100 g 水)$^{-1}$]
95%乙醇	-114	78.2	0.816	∞

六、思考题

（1）什么叫沸点？液体的沸点和大气压有什么关系？文献里记载的某物质的沸点是否即你们那里的沸点温度？
（2）蒸馏时加入沸石的作用是什么？如果蒸馏前忘记加沸石，能否立即将沸石加入将近沸腾的液体中？当重新蒸馏时，用过的沸石能否继续使用？
（3）为什么蒸馏时最好控制馏出液的速度为每秒 1~2 滴为宜？
（4）如果液体具有恒定的沸点，那么能否认为它是纯物质？

实验二　减压蒸馏

【实验目的】

（1）学习减压蒸馏的基本原理。
（2）掌握减压蒸馏的实验操作和技术。

【实验内容】

一、实验原理

减压蒸馏是分离可提纯有机化合物的常用方法之一，它特别适用于那些在常压蒸馏时未达沸点即已受热分解、氧化或聚合的物质。液体的沸点是指它的蒸气压等于外界压力时的温度，因此液体的沸点是随外界压力的变化而变化的，如果借助于真空泵降低系统内压力，就可以降低液体的沸点，这便是减压蒸馏操作的理论依据。

液体有机化合物的沸点随外界压力的降低而降低，温度与蒸气压的关系如图 3-2-1。液体在常压、减压下的沸点近似关系如图 3-2-2 所示。

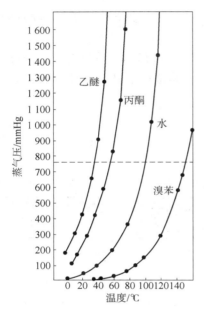

图 3-2-1 温度与蒸气压的关系

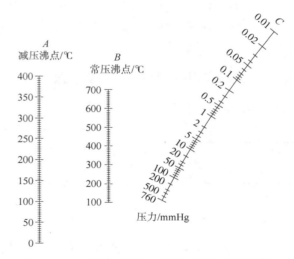

图 3-2-2 液体在常压、减压下的沸点近似关系

所以设法降低外界压力，便可以降低液体的沸点。沸点与压力的关系可近似地用下式表示：

$$\lg p = A + \frac{B}{T}$$

式中，p 为蒸气压；T 为沸点（热力学温度）；A、B 为常数。如以 $\lg p$ 为纵坐标，$1/T$ 为横坐标，可以近似地得到一条直线。

二、实验仪器及试剂

（1）仪器：减压蒸馏装置（见图 3-2-3、图 3-2-4）。
（2）试剂：正丁醇。

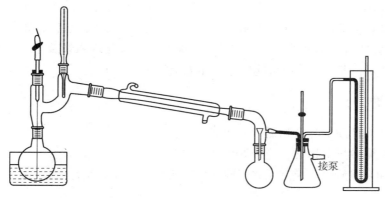

图 3-2-3　简易减压蒸馏装置

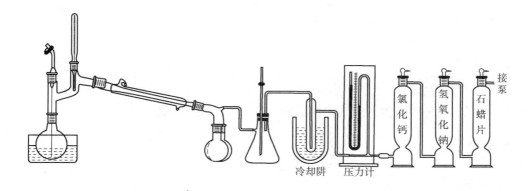

图 3-2-4　标准减压蒸馏装置

三、实验步骤

（1）仪器安装好后，先检查系统是否漏气，方法是：关闭毛细管，减压至压力稳定后，夹住连接系统的橡皮管，观察压力计水银柱有无变化，无变化说明不漏气，有变化即表示漏气。为使系统密闭性好，磨口仪器的所有接口部分都必须用真空油脂润涂好。

（2）检查仪器不漏气后，加入待蒸馏的液体，其体积不要超过蒸馏瓶容积的一半，关好安全瓶上的活塞，开动油泵，调节毛细管导入的空气量，以能冒出一连串小气泡为宜。当压力稳定后，开始加热。液体沸腾后，应注意控制温度，并观察沸点变化情况。待沸点稳定时，转动多尾接引管接收馏分，蒸馏速度以每秒 0.5~1 滴为宜。

（3）蒸馏完毕，除去热源，慢慢旋开夹在毛细管上的橡皮管的螺旋夹，待蒸馏瓶稍冷后再慢慢开启安全瓶上的活塞，平衡内外压力（若开得太快，水银柱很快上升，有冲破压力计的可能），然后再关闭抽气泵。

四、实验关键及注意事项

（1）仪器安装好后，先检查系统是否漏气。

(2) 蒸馏完毕，停止加热，慢慢旋开夹在毛细管上的橡皮管的螺旋夹，待圆底烧瓶稍冷后再慢慢开启安全瓶上的活塞，平衡内外压力（若开得太快，水银柱很快上升，有冲破压力计的可能），然后再关闭抽气泵。如果空气被允许从某处进入装置中，而控制毛细管的螺旋夹却仍旧关闭，那么液体就可能倒灌而在毛细管中上升。

五、思考题

(1) 具有什么性质的化合物需用减压蒸馏进行提纯？
(2) 使用水泵减压蒸馏时，应采取什么预防措施？
(3) 使用油泵减压时，应有哪些吸收和保护装置？其作用是什么？

实验三　分　　馏

【实验目的】

(1) 理解分馏的基本原理和应用范围。
(2) 熟练掌握分馏装置的安装和常压下的简单分馏操作方法。

【实验内容】

一、实验原理

用分馏柱将几种沸点（b.p.）相近的混合物进行分离的方法称为分馏，它在化学工业和实验室中被广泛应用。普通蒸馏主要用于分离两种或两种以上沸点相差较大的液体混合物，而分馏可分离和提纯沸点相差较小的液体混合物。现在最精密的分馏设备能够将沸点相差仅 1~2 ℃ 的液体混合物分离。从理论上来讲，只要对蒸馏的馏出液经过反复多次的普通蒸馏，就可以达到分离目的，但这样操作既烦琐、费时，又浪费极大，而应用分馏则能克服这些缺点，提高分离效率。分馏就是利用分馏柱来实现这一"多次重复"的蒸馏过程。分馏柱主要是一根长而垂直、柱身有一定形状的空管，或者在管中填以特制的填料。总的目的是要增大液相和气相接触的面积，提高分离效率。

当混合液沸腾后蒸气进入分馏柱（工业上称为精馏塔）时，因为沸点较高的组分易冷凝，所以冷凝液中就含有较多较高沸点的物质，而蒸气中低沸点的成分就相对增多。

冷凝液向下流动时，又与上升的蒸气接触，二者之间进行热量交换，即上升的蒸气中高沸点物质被冷凝下来，低沸点的物质仍呈蒸气上升；而在冷凝液中低沸点的物质受热汽化，高沸点物质仍呈液态下降。如此多次的液相与气相的热交换，就相当于连续多次的普通蒸馏，使低沸点物质的蒸气不断上升，最后被蒸馏出来；高沸点物质则不断流回蒸馏瓶中，从而将沸点不同的物质分离。所以在分馏时，分馏柱内不同高度的各段，其组分是不同的。相距越远，组分的差别就越大，也就是说，在分馏柱的动态平衡情况下，沿着分馏柱存在着组分梯度。

在分馏过程中，有时可能得到与单纯化合物相似的混合物，它也具有固定的沸点和固定的组成，其气相和液相的组成也完全相同，因此不能用分馏法进一步分离。这种混合物称为共沸混合物（或恒沸混合物），它的沸点（高于或低于其中的每一组分）称为共沸点（或恒沸点）。

二、实验仪器及试剂

仪器：电热套、圆底烧瓶、温度计、刺形分馏柱、蒸馏头、直形冷凝管、接引管、锥形瓶。

试剂：甲醇、水。

三、实验步骤

1. 一般过程

1）简单分馏柱

分馏柱的种类较多，普通的有机化学实验中常用的有填充式分馏柱和刺形分馏柱［又称韦氏（Vigreux）分馏柱］（见图 3-3-1）。填充式分馏柱是在柱内填上各种惰性材料，以增加表面积。填料包括玻璃珠、玻璃管、陶瓷或螺旋形、马鞍形、网状等各种形状的金属片或金属丝。它效率较高，适合于分离沸点差距较小的化合物。刺形分馏柱结构简单，且较填充式分馏柱黏附的液体少，缺点是较同样长度的填充式分馏柱分馏效率低，适合于分离少量且沸点差距较大的液体。若欲分离沸点相距很近的液体化合物，则必须使用精密分馏装置。

在分馏过程中，无论用哪一种分馏柱，都应防止回流液体在柱内聚集，否则会减少液体和上升蒸气的接触，或者上升蒸气把液体冲入冷凝管中造成"液泛"，达不到分馏的目的。为了避免这种情况，通常在分馏柱外包裹石棉绳等绝缘物以保持柱内温度，提高分馏效率。

2）简单分馏装置

实验室中简单的分馏装置包括电热套、圆底烧瓶、分馏柱、冷凝管和接收器 5 个部分。安装操作与蒸馏类似，自下而上，先放好电热套，夹住圆底烧瓶，再装上刺形分馏柱。调节夹子使刺形分馏柱垂直，装上直形冷凝管并在指定的位置夹好夹子，夹子一般不宜夹得太紧，以免应力过大造成仪器破损。连接接引管、接收瓶，接收瓶底垫升降台。

3）简单分馏操作

实质上分馏过程与蒸馏类似，不同处在于多了一个分馏柱，使冷凝、蒸发过程由一次变成多次，大大地提高了蒸馏的效率。因此，简单地说分馏就等于多次蒸馏。

简单分馏仪器装置如图 3-3-2 所示。将待分离的混合物放入圆底烧瓶中，加入沸石。柱的外围可用石棉绳包住，这样可减少柱内热量的散发，减少风和室温的影响。液体沸腾后要注意调节加热速度，使蒸气慢慢升入分馏柱（可用手触摸柱壁，若烫手表示蒸气已达该处）。当有液滴流出后，调节加热速度，使蒸出液体的速度控制在每 2~3 s 滴出 1 滴，这样可以得到比较好的分馏效果，待低沸点组分蒸完后，再渐渐升高温度。当第二个组分蒸出时，沸点会迅速上升。上述情况是假定分馏体系有可能将混合物的组分进行严格的分馏。如果不是这种情况，一般则会有相当大的中间馏分（除非沸点相差很大）。

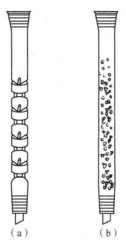
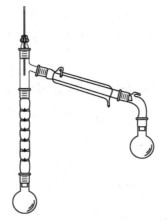

图 3-3-1　简单分馏柱

（a）刺形分馏柱；（b）填充式分馏柱

图 3-3-2　简单分馏仪器装置

2. 甲醇和水的分离

在 50 mL 圆底烧瓶中，加入 15 mL 甲醇和 15 mL 水的混合物，加入几粒沸石，按图 3-3-2 装好分馏装置，仔细检查各仪器接头处是否严密以及温度计水银球的位置和接收器的固定和稳定性。用电热套加热，开始时可稍快一点加热，混合液沸腾后，蒸气慢慢进入刺形分馏柱中，此时要仔细控制加热温度，使温度慢慢上升，以保持刺形分馏柱中有一个均匀的温度梯度。

当直形冷凝管有蒸馏液流出时，迅速记下此刻温度计的所示温度（初馏点），控制加热速度，使馏出液控制在每 2~3 s 流出 1 滴，当柱顶温度维持在 65 ℃ 时，约收集 10 mL 甲醇馏出液（A）。随着温度上升，分别收集 65~70 ℃（B）、70~80 ℃（C）、80~90 ℃（D）、90~95 ℃（E）的馏分，瓶内所剩为残余液。将不同馏分分别量出体积，以馏出液体积为横坐标，温度为纵坐标，绘制分馏曲线，如图 3-3-3 所示。

再以同样组分的甲醇和水做普通蒸馏，并绘制蒸馏曲线，如图 3-3-3 所示。

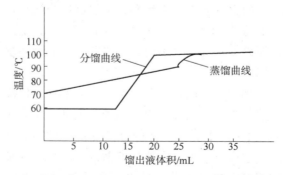

图 3-3-3　甲醇-水混合物（1∶1 体积）的分馏和蒸馏曲线

四、实验关键及注意事项

（1）本实验成败的关键是对加热温度和馏出液速度的控制。

（2）温度计水银球的上限应和刺形分馏柱侧管的下限在同一水平线上，过高或过低都会影响馏分的纯度。

（3）加入助沸物以防止暴沸。切忌将助沸物加至已受热接近沸腾的液体中，否则会因突然放出大量蒸气而将大量液体从烧瓶口喷出造成危险。

（4）在仪器装配时应使刺形分馏柱尽可能与桌面垂直，以保证上面冷凝下来的液体与下面上升的气体进行充分的热交换和质交换，提高分离效果。

（5）液体开始沸腾，蒸气进入刺形分馏柱中时，要注意调节加热速度，使蒸气缓慢而均匀地沿分馏柱壁上升。若室温低或液体沸点较高，应将刺形分馏柱用石棉绳或玻璃布包裹起来，以减少柱内热量的损失。

（6）当蒸气上升到刺形分馏柱顶部，开始有液体馏出时，应密切注意调节加热速度，控制馏出液的速度为每 2~3 s 滴出 1 滴。如果分馏速度太快，产品纯度下降；若速度太慢，会造成上升的蒸气时断时续，馏出温度波动。

（7）要使有相当量的液体沿柱流回圆底烧瓶中，就要选择合适的回流比，使上升的气流和下降液体充分进行热交换，使易挥发组分尽量上升，难挥发组分尽量下降，分馏效果更好。

五、主要试剂及产物的物理常数

几种常见的共沸混合物的物理常数如表 3-3-1 所示。

表 3-3-1　几种常见的共沸混合物的物理常数

组成（沸点/℃）		共沸混合物	
		沸点/℃	各组分含量/%
二元共沸混合物	水（100） 无水乙醇（78.5）	78.2	4.4 95.6
	水（100） 苯（80.1）	69.4	8.9 91.1
	无水乙醇（78.5） 苯（80.1）	67.8	32.4 67.6
	水（100） 氯化氢（-83.7）	108.6	79.8 20.2
	丙酮（56.2） 氯仿（61.2）	64.7	20.0 80.0
三元共沸混合物	水（100） 无水乙醇（78.5） 苯（80.1）	64.6	7.4 18.5 74.1
	水（100） 丁醇（117.7） 乙酸丁酯（126.5）	90.7	29.0 8.0 63.0

六、思考题

（1）若加热太快，馏出液每秒的滴数超过一般要求量，分馏法分离两种液体的能力会显著下降,这是为什么?

(2)分馏和蒸馏在原理及装置上有哪些异同?如果是两种沸点很接近的液体组成的混合物能否用分馏来提纯呢?

(3)用分馏柱提纯液体时,为了取得较好的分离效果,为什么分馏柱必须保持回流液?

(4)在分离两种沸点相近的液体混合物时,为什么装有填料的分馏柱比不装填料的效率高?

(5)什么叫共沸物?为什么不能用分馏法分离共沸混合物?

(6)在分馏时通常用水浴或油浴加热,它比直接用火加热有什么优点?

(7)根据甲醇-水混合物的分馏和蒸馏曲线,哪一种方法分离混合物各组分的效率较高?

实验四 重结晶提纯法

【实验目的】

(1)了解用重结晶法提纯固态有机化合物的基本原理和方法。
(2)掌握溶剂种类的选择、溶剂用量的确定及加溶剂的方法。
(3)掌握滤纸的折叠、放置和热滤的方法。
(4)掌握减压过滤装置的安装、使用注意事项,以及抽滤、洗涤操作方法。
(5)掌握冷却结晶的方法。
(6)掌握用易燃溶剂重结晶时应采用的仪器装置及安全注意事项。

【实验内容】

一、实验原理

重结晶是提纯固体有机化合物常用的方法之一。

固体有机化合物在某一溶剂中的溶解度与温度密切相关,一般是温度升高,溶解度增大。若把固体样品溶解在热溶剂中生成饱和溶液,冷却时由于温度降低,溶解度下降,溶液就由饱和溶液变成了过饱和溶液,从而析出结晶。利用混合物中各组分(被提纯物或杂质)在某种溶剂中的溶解度不同,可使被提纯物从过饱和溶液中析出,而让杂质全部或大部分仍留在溶液中(若杂质在溶剂中的溶解度极小,则配成饱和溶液后过滤除去),从而达到除去杂质提纯固态有机化合物的目的。

假设某固体混合物由 9.5 g 被提纯物 A 和 0.5 g 杂质 B 组成,选择某溶剂进行重结晶,室温时 A、B 在此溶剂中的溶解度分别为 S_A 和 S_B,通常存在以下三种情况:

(1)室温下杂质较易溶解($S_B > S_A$)。设在室温下 $S_B = 2.5$ g/100 mL,$S_A = 0.5$ g/100 mL,如果 A 在此沸腾溶剂中的溶解度为 9.5 g/100 mL,则使用 100 mL 溶剂即可使混合物在沸腾时全溶。若将此滤液冷却至室温时可析出 A 9 g(不考虑操作上的损失),而 B 仍留在母液中,则 A 损失很小,即被提纯物回收率达到 95%。如果 A 在此沸腾溶剂中的溶解度为 47.5 g/100 mL,

则只要使用 20 mL 溶剂即可使混合物在沸腾时全溶，这时滤液可析出 A 9.4 g，B 仍可留在母液中，被提纯物的回收率高达 99%。由此可见，如果杂质在冷时的溶解度大而被提纯物在冷时的溶解度小，或溶剂对被提纯物的溶解性能随温度的变化大，都有利于提高回收率。

（2）杂质较难溶解（$S_B < S_A$）。设在室温下 $S_B = 0.5$ g/100 mL，$S_A = 2.5$ g/100 mL，A 在此沸腾溶剂中的溶解度仍为 9.5 g/100 mL，则在 100 mL 溶剂重结晶后的母液中含有 2.5 g A 和 0.5 g（即全部）B，析出结晶 A 7 g，被提纯物的回收率为 74%。但这时，即使 A 在沸腾溶剂中的溶解度更大，使用的溶剂也不能再少了，否则杂质 B 也会部分析出，就需再次重结晶。如果混合物中杂质含量很多，则重结晶的溶剂量就要增加，或者重结晶的次数要增加，致使操作过程冗长，回收率极大地降低。

（3）两者溶解度相等（$S_A = S_B$）。设在室温下皆为 2.5 g/100 mL，若也用 100 mL 溶剂重结晶，仍可得到纯 A 7 g。但如果这时杂质含量很多，则用重结晶分离产物就比较困难。在 A 和 B 含量相等时，重结晶就不能用来分离产物了。

从上述讨论中可以看出，在任何情况下，杂质的含量过多都是不利的（杂质太多还会影响结晶速度，甚至妨碍结晶的生成）。一般重结晶只适用于纯化杂质含量在 5% 以下的固体有机混合物。如果杂质含量过高，往往需先经过其他方法初步提纯，如萃取、水蒸气蒸馏、减压蒸馏、柱色谱等，然后再用重结晶方法提纯。

二、实验仪器及试剂

（1）仪器：烧杯、圆底烧瓶或锥形瓶、球形冷凝管、玻璃棒、表面皿、电热套、玻璃漏斗、热滤漏斗、布氏漏斗、抽滤瓶、烘箱、干燥器。

（2）试剂：活性炭、粗苯甲酸（在水中的溶解度为：20 ℃时，0.25 g/100 g 水；100 ℃时，5.98 g/100 g 水）、粗萘。

三、实验步骤

1. 重结晶的主要操作步骤

1）选择适当的溶剂

在重结晶法中，选择一种适当的溶剂是非常重要的，理想的溶剂必须满足下面几个条件：

（1）不与被提纯物起化学反应。

（2）对被提纯物必须具备在较高温度时溶解度较大，而在较低温度时溶解度较小的特性。

（3）对杂质的溶解度非常大或非常小（前一种情况是使杂质留在母液中不随被提纯物晶体一同析出，后一种情况是使杂质在热滤时被滤去）。

（4）对被提纯物能生成较好的结晶。

（5）溶剂的沸点不宜太低，也不宜太高。沸点太低，溶解度改变不大会降低回收率，且给操作带来不便。沸点太高，其挥发性小，附着在晶体表面的溶剂不易除去。

（6）无毒或毒性很小，便于操作。

常用的溶剂有水、甲醇、乙醇、丙酮、苯、乙醚、乙酸、石油醚、氯仿、乙酸乙酯等。

如果同时有几种溶剂都适用，可根据结晶的回收率、操作的难易，以及溶剂的毒性、易燃性和价格等择优选用。

在选择溶剂时还必须考虑到被溶解物质的成分和结构。因为溶质往往易溶于结构与其近似的溶剂中，即遵循相似相溶原理。当然其他因素可能会影响这一规律，所以，溶剂的最终选择还要通过实验的方法来决定。其方法是：将 0.1 g 被提纯物的固体粉末置于小试管中，逐滴加入溶剂，并不断振荡，若加入的溶剂量达 1 mL 仍未见全溶，可小心加热至沸腾（必须严防溶剂着火！）。若样品在 1 mL 冷的或温热的溶剂中已全溶，则此溶剂不适用。若样品不溶于 1 mL 沸腾的溶剂中，则继续分批加入溶剂，每次加入约 0.5 mL，并加热至沸腾。若溶剂量达到 4 mL，而样品仍未溶解，则必须寻找其他溶剂。若样品能溶于 1~4 mL 的沸腾溶剂中，则将试管进行冷却，观察结晶析出情况，如果结晶不能自行析出，可用玻璃棒摩擦溶液液面下的试管壁，或再辅以冰水冷却，以使结晶析出。若结晶仍不能析出，则此溶剂也不适用。如果结晶能正常析出，要注意析出的量，在几种溶剂用同法比较后，可以选用结晶回收率最好的溶剂来进行重结晶。

当一种物质在一些溶剂中的溶解度太大，而在另一些溶剂中的溶解度又太小，不能选择到一种合适的溶剂时，常使用混合溶剂。所谓混合溶剂，就是把对此物质溶解度很大的和溶解度很小的而又能互溶的两种溶剂（如水和乙醇）按最佳比例混合起来。使用混合溶剂重结晶时，可将两种溶剂先行混合，其操作与使用单一溶剂时相同。也可先将被提纯物在接近良溶剂的沸点温度时溶于良溶剂中（在此溶剂中极易溶解）。若有不溶物，趁热滤去；若有色，则用适量（如 1%~2%）活性炭煮沸脱色后趁热过滤。于此热溶液中小心地加入热的不良溶剂（物质在此溶剂中的溶剂度很小），边加边小心振摇，直至热溶液中所出现的混浊不再消失，再加入少量良溶剂或稍加热使其恰好透明。然后将溶液冷却至室温，待晶体析出完全后，抽滤得较纯产品。

2）将被提纯物制成热的浓溶液

将被提纯物在溶剂的沸点或接近于沸点的温度下制成接近饱和的浓溶液，若固体有机物的熔点较溶剂沸点低，则应制成在熔点温度以下的近饱和溶液。

溶解被提纯物时，常用锥形瓶或圆底烧瓶作容器，因为它的瓶口较小，溶剂不易挥发，而且便于摇动以促使固体样品溶解。为避免溶剂的挥发、可燃溶剂的着火、有毒溶剂对人体的伤害，应在锥形瓶上装置球形冷凝管，添加溶剂可由球形冷凝管的上口加入，加溶剂时应撤去热源，根据溶剂的沸点选择合适的热源，使用可燃性溶剂时禁止用明火直接加热。若采用的溶剂是水或不可燃、无毒的有机液体，只需在锥形瓶或圆底烧瓶上盖上表面皿即可。若溶剂是水，还可用烧杯作容器，盖上表面皿即可。

通常将样品置入锥形瓶中，加入较需要量（根据查得的溶解度数据或溶解度实验方法所得的结果估计得到）稍少的适宜溶剂，加热到微微沸腾一段时间后，若未完全溶解，可再次逐渐添加溶剂，每次加入后均需加热至沸腾，直至样品完全溶解（要注意判断是否有不溶性杂质存在，以免误加过多的溶剂）。要使重结晶得到的产品既纯，回收率又高，溶剂的用量是关键。虽然从减少溶解损失来考虑，溶剂应尽可能避免过量，但这样在热过滤时会引起很大的麻烦和损失，特别是当样品的溶解度随温度变化很大时更是如此。因为在操作时会因挥发而减少溶剂，或因降低温度而使溶液变为过饱和而析出沉淀。因而要根据这两方面的损失来权衡溶剂的用量,一般可比需要量多加20%左右的溶剂。

3) 趁热过滤除去不溶性杂质

样品溶解后,若溶液中含有有色杂质、树脂状物质或不溶性杂质的均匀悬浮体,使溶液有些混浊,常常不能用一般的过滤方法除去。在这种情况下,应将被提纯物全部溶解,移去热源,并待溶液稍冷后,加入适量的活性炭(一般加入量为固体质量的1%~5%,活性炭用量的多少视反应液颜色而定,不必准确称量,通常加半牛角勺即可),继续煮沸5~10 min,再趁热过滤。若一次脱色不彻底,可重复操作;但必须注意,活性炭除吸附杂质外,也会吸附产品,因而活性炭加入过多是有害的。活性炭不能直接加入已沸腾的溶液中,以免溶液暴沸而自容器中冲出,过滤所选用的滤纸质量要紧密,以防活性炭透过滤纸进入滤液中。

过滤易燃溶剂的溶液时,必须熄灭附近的火源。为了过滤得较快,可选用颈短而粗的玻璃漏斗,这样可避免晶体在颈部析出而造成堵塞。过滤前,要把漏斗放在烘箱中预先烘热,待过滤时再将漏斗取出放在铁架上的铁圈中,或放在盛滤液的锥形瓶上。用水作溶剂时,盛滤液的锥形瓶可加热,产生的热蒸气可使玻璃漏斗保温。热滤时,常使用有效面积较大的折叠型滤纸,俗称折叠滤纸或折叠型滤纸。在漏斗中放一张折叠滤纸,折叠滤纸向外突出的棱边应紧贴于漏斗壁上。过滤即将开始前,先用少量热溶剂润湿滤纸,以免干滤纸吸收溶液中的溶剂,使结晶析出而堵塞滤纸孔。将溶液沿玻璃棒倒入。过滤时,漏斗上可盖上表面皿(凹面向下),减少溶剂的挥发。盛溶液的器皿一般用锥形瓶(只有水溶液才可收集在烧杯中)。如过滤进行得很顺利,常只有很少的晶体在滤纸上析出(如果此结晶在热溶剂中溶解度很大,则可用少量热溶剂洗下,否则还是弃去,以免得不偿失)。若结晶较多,必须用刮刀刮回原来的瓶中,再加适量的溶剂加热溶解后再进行过滤。滤毕后,用洁净的塞子塞住盛滤液的锥形瓶,放置冷却。

如果溶液稍经冷却就会析出结晶,或过滤的液体较多时,则最好使用热滤漏斗(见图3-4-1)。热滤漏斗要用铁夹固定好,夹套内的水应预先烧热,切忌在过滤时用火加热,在过滤易燃的有机溶剂时一定要熄灭火焰。

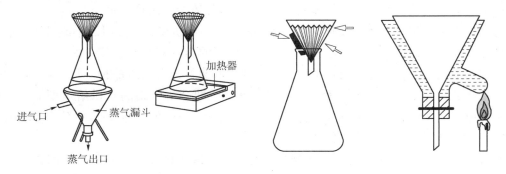

图 3-4-1 热滤装置

折叠滤纸的方法如图3-4-2所示:将选定的圆形滤纸(方滤纸可在折好后再剪),按图3-4-2(a)先一折为二,再沿2、4折成四分之一。然后将1、2的边沿折至2、4,2、3的边沿折至2、4,分别在2、5和2、6处产生新的折纹。继续将1、2折向2、6,2、3折向2、5,分别得到2、7和2、8的折纹[见图3-4-2(b)];同样以2、3对2、6,1、2对

2、5，分别折出 2、9 和 2、10 的折纹［见图 3-4-2（c）］。最后在 8 个等分的每一小格中间以相反方向折成 16 等分［见图 3-4-2（d）］，结果得到折扇一样的排列。再在 1、2 和 2、3 处各向内折一小折面，展开后即得到折叠滤纸或扇形滤纸［见图 3-4-2（e）］。在折纹集中的圆心处折时切勿重压，否则滤纸中央在过滤时容易破裂。使用前，应将折好的扇形滤纸翻转并整理好后再放入漏斗中，这样可避免被手指弄脏的一面接触滤过的滤液。

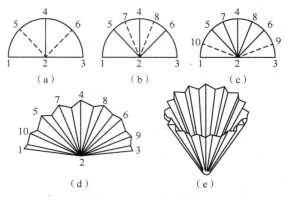

图 3-4-2　折叠滤纸的方法

4）晶体的析出

若将滤液在冷水浴中迅速冷却并剧烈搅拌，可得到颗粒很小的晶体。小晶粒内包含的杂质较少，但其表面积较大，吸附于其表面的杂质较多。但也不要使形成的晶粒过大，晶粒过大往往有母液和杂质包在结晶内部。当发现有生成大晶粒（直径约超过 2 mm）的趋势时，可缓慢振摇，以降低晶粒的体积。若要得到颗粒均匀且较大的晶体，可将滤液在室温或保温下静置使之缓慢冷却，逐渐形成结晶（如在趁热过滤或滤液转移时已有结晶析出，应加热使其溶解后再让其缓慢冷却析出结晶），这样得到的晶体往往比较纯净。

有时滤液中有焦油状物质或胶状物存在，使结晶不易析出，或有时因形成过饱和溶液也不析出结晶，在这种情况下，可用玻璃棒摩擦液面下的容器壁以形成粗糙面，使溶质分子呈定向排列而形成结晶，此过程较在平滑面上迅速和容易；或者投入晶种（同一物质的晶体，若无此物质的晶体，可用玻璃棒蘸一些溶液，稍干后即会析出结晶）供给定型晶核，使晶体迅速形成，应注意的是晶种不要加得太多，加入晶种后不要搅动溶液，以免很快形成结晶而影响产品的纯度；或者骤冷，促使晶体形成。

有时被提纯物呈油状析出，油状物质长时间静置或足够冷却后虽也可以固化，但这样的固体往往含有较多杂质（杂质在油状物中的溶解度常常较在溶剂中的溶解度大；此外，析出的固体中还会包含一部分母液），纯度不高。用溶剂大量稀释，虽可防止油状物生成，但将使产物大量损失。这时可将析出油状物的溶液加热重新溶解，然后慢慢冷却。一旦油状物析出时便剧烈搅拌，使油状物在均匀分散的状况下固化（也可搅拌至油状物消失），这样固体包含的母液就大大减少。但最好还是重新选择溶剂，使之得到晶型产物。

5) 减压过滤

为了使结晶和母液迅速有效地分离,一般常用减压过滤(抽气过滤,简称抽滤),其装置包括三部分。

漏斗:常使用布氏漏斗。瓷质,底部有许多小孔,有大小不一的各种规格(以直径计),选用时应根据要过滤物的量来选择合适的大小。

抽滤瓶:用来接收滤液,是一个壁厚并有支管的三角烧瓶,玻璃质,有各种大小不一的规格(以 mL 计),使用时,根据滤纸的大小及滤液量来选择。

水泵:减压用。有金属水泵和玻璃水泵两种。

抽滤装置:将布氏漏斗配一橡皮塞,然后塞在抽滤瓶上,必须紧密不漏气,漏斗管下端的斜口要正对抽滤瓶的侧管,瓶的侧管用耐压的橡皮管和水泵相连(最好接安全瓶再和水泵相连以免操作不慎,使泵中的水倒流)。抽滤装置如图 3-4-3 所示。

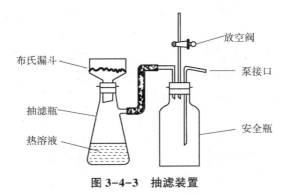

图 3-4-3　抽滤装置

漏斗上铺的滤纸要圆,其直径略小于漏斗内径(直径过大滤纸会折过,溶液会从折边处流过造成损失),以能紧贴于漏斗的内壁,恰好盖住所有小孔为度。在抽气前先用少量溶剂把滤纸润湿,然后打开水泵把滤纸抽紧,以防止固体在抽滤时自滤纸边沿而吸入抽滤瓶中。借助玻璃棒,将固体和母液分批倒入漏斗中,使固体物质均匀地分布在整个滤纸面上,并用少量滤液将黏附在容器壁上的结晶洗出转移至漏斗中。

布氏漏斗中的晶体要用重结晶的同一溶剂洗涤,以除去存在于晶体表面的母液,用量要尽量少,以减少溶解损失。洗涤的方法是先将抽气暂时停止,在晶体上加少量冷溶剂,用玻璃棒或刮刀轻轻小心搅动(不要使滤纸松动),使固体全部被溶剂润湿,静置一会儿,然后再抽气(也可把少量溶剂均匀地洒在滤饼上,使全部结晶刚好被溶剂覆盖为度,静置待有滤液滴出,再抽气)。为了使溶剂和晶体更好地分开,最好在抽气的同时,用清洁的玻璃塞倒置在晶体表面上并用力挤压,如此反复 1~2 次即可将晶体表面的母液洗净。滤得的固体通常叫作滤饼。

关闭水泵前,先将抽滤瓶与水泵间连接的橡皮管拆开,或将安全瓶上的放空阀打开接通大气,以免水倒流入抽滤瓶中。

如果重结晶溶剂的沸点较高,在用原溶剂至少洗涤一次后,可用低沸点的溶剂洗涤,使最后的结晶产物易于干燥(要注意此溶剂必须是能和第一种溶剂互溶而对晶体是不溶或微溶的)。

抽滤少量的结晶（少于0.1 g）时，可用玻璃钉漏斗，以抽滤管代替抽滤瓶。玻璃钉漏斗上的圆滤纸应较玻璃钉的直径大，滤纸以溶剂润湿后进行抽气，并用刮刀或玻璃棒挤压，使滤纸的边沿紧贴在漏斗上。

抽滤所得到的母液，如还有用处，可移置于其他容器中，较大量的有机溶剂，一般应用蒸馏法回收。如果母液中溶解的物质不容忽视，可将母液适当浓缩，回收得到一部分纯度较低的晶体，测定它的熔点，以决定是否可供直接使用，或需进一步提纯。

6) 结晶的干燥

抽滤和洗涤后的结晶，表面吸附少量溶剂，因此尚需用适当的方法进行干燥。重结晶后的产物需要测熔点来检测其纯度，在测定熔点前，晶体必须充分干燥，否则熔点会下降。固体的干燥方法很多，可根据重结晶所用的溶剂及结晶的性质来选择，常用的干燥方法有以下几种：

（1）空气晾干：若产品不吸潮，可将抽干的晶体转移至表面皿，铺成薄层，上面盖一张干净的滤纸（以免灰尘沾污），于室温下放置，一般要经过几天后才能彻底干燥。

（2）烘干：对于不易挥发的溶剂可在红外灯下烘干。一些对热稳定的化合物可以在低于该化合物熔点以下约10 ℃或接近溶剂沸点的温度下进行烘干；也可用蒸气浴干燥。必须注意，由于溶剂的存在，结晶可能在较其熔点低得多的温度下就开始熔融了，因此必须十分注意控制温度并经常翻动晶体。

（3）用滤纸吸干：有些晶体吸附的溶剂在过滤时很难抽干，这时可将晶体放在二、三层滤纸上，上面再用滤纸挤压以吸出溶剂。此法的缺点是晶体上易沾污一些滤纸纤维。

（4）置于干燥器中干燥：在干燥器中放入适当的干燥剂，将盛有晶体的表面皿放入，盖好干燥器。必要时，还可用真空干燥器，在减压状态下干燥。

经干燥后的纯品应保存在密闭的试剂瓶内或放入干燥器中，以防止吸潮。

测定熔点：见第2章熔点的测定实验。

2. 苯甲酸和萘的重结晶

1) 苯甲酸重结晶

称取2 g粗苯甲酸，放在100 mL烧杯中，加入较估计量略少的水（约40 mL），加热煮沸，并用玻璃棒搅拌，使固体物质溶解，若尚有未溶解的固体，可继续加入少量的热水，直至全部溶解，记录用水的总体积。移去热源，再多加20%的水，稍冷后，加入适量活性炭（切不可加到还在沸腾的溶液中），搅拌，再煮沸5~10 min。

在溶解、脱色过程中，将短颈漏斗置于已准备妥当的热滤漏斗内，漏斗中放折叠滤纸，进行预热。待短颈漏斗和滤纸预热后，将上述热溶液趁热滤入洁净烧杯中，每次倒入漏斗中的液体不要太满，也不要等到溶液全部滤完后再加。在过滤过程中，热滤漏斗和溶液应分别保持加热，以免冷却。待所有溶液过滤完毕后，用少量热水洗涤烧杯和滤纸。

将滤液冷却结晶。为观察缓慢冷却与迅速冷却所析出的晶体的差异，可进行以下操作：用表面皿将盛滤液的烧杯盖好，稍冷后，用冷水冷却以便结晶完全，然后将滤液析出的结晶重新加热溶解，把滤液分成两份。将盛有一份滤液的容器浸在冷水中，加以振荡使溶液迅速冷却，此时苯甲酸呈小结晶析出。把另一份滤液于室温下慢慢冷却，析出的苯甲酸形成美丽的大薄片状晶体。

观察两者结晶形状后合并，用布氏漏斗抽滤（滤纸用少量冷水润湿、吸紧），使结晶与母液分离，并用玻璃塞挤压，使母液尽量除去。打开安全瓶上的活塞，停止抽气，加入少量冷水至布氏漏斗中，使晶体润湿（可用玻璃棒搅拌），然后重新抽干。如此重复1~2次，最后将结晶移至表面皿上，摊开成薄层，置于空气中晾干或干燥器中干燥。

干燥后称重并计算回收率，测定精制产物的熔点，并与粗产物熔点作比较。

2）萘的重结晶

在装有球形冷凝管的50 mL圆底烧瓶中，放入2 g粗萘，加入15 mL 70%乙醇和1~2粒沸石。接通冷凝水，用电热套加热至沸腾（注意蒸气不能超过冷凝管下部的1/3），并不时振摇瓶中物，以加速溶解。若所加的乙醇不能使粗萘完全溶解，则应从冷凝管上端继续加入少量70%乙醇（注意添加溶剂时应先移去热源），每次加入乙醇后应略微振摇并继续加热，观察是否完全溶解，待完全溶解后，再多加20%乙醇。

移去热源，稍冷后取下冷凝管，向烧瓶中加入少许活性炭，并稍加摇动，再重新加热煮沸5 min。

趁热用配有玻璃漏斗的热滤漏斗和折叠滤纸过滤，用少量热的70%乙醇润湿折叠滤纸后，将上述萘的热溶液滤入干燥的50 mL锥形瓶中（注意这时附近不应有明火），滤完后用少量热的70%乙醇洗涤容器和滤纸。

盛滤液的锥形瓶用塞子塞紧，自然冷却，最后再用冰水冷却。用布氏漏斗抽滤（滤纸应先用70%乙醇润湿、吸紧），用少量70%乙醇洗涤。

抽干后将结晶移至表面皿上，放在空气中晾干或放在干燥器中，待干燥后称其质量、计算回收率并测其熔点。应注意回收滤液。

四、实验关键及注意事项

（1）本实验成败的关键是溶剂用量的控制和趁热过滤。

（2）溶解样品过程中，要尽量避免溶质的液化，应在比熔点低的温度下进行溶解。

（3）溶解过程中，不要因为重结晶的物质中含有不溶解的杂质而加入过量的溶剂。

（4）为减少溶解损失，应避免溶剂过量，但溶剂少了又会造成过滤损失，因此要全面衡量以确定溶剂的适当用量，一般溶剂可稍过量20%。

（5）当采用的溶剂是低沸点易燃或有毒的有机液体时，必须选用回流装置，若固体物质在溶剂中溶解速度较慢，需要较长加热时间时，也要采用回流装置，以免溶剂损失。

（6）使用活性炭脱色应注意以下3点：

①加活性炭前，首先将待结晶化合物完全溶解在热溶剂中。活性炭除吸附杂质外，也会吸附产品，因此用量根据杂质颜色深浅而定，一般用量为固体质量的1%~5%。加入后煮沸5~10 min。

②不能向正在沸腾的溶液中加入活性炭，以免溶液暴沸。

③活性炭对水溶液脱色较好，对非极性溶液脱色较差。

（7）过滤易燃溶液时，特别要注意附近的情况，以免发生火灾。

（8）减压过滤应注意：

①滤纸不应大于布氏漏斗的底面。

②抽滤前必须用同一种溶剂将滤纸润湿，使滤纸紧贴于漏斗底面，打开水泵将滤纸吸紧，避免固体在抽滤时从滤纸边沿吸入抽滤瓶中。

③停止抽滤时，先将抽滤瓶与水泵间连接的橡皮管拆开，或者将安全瓶上的活塞打开与大气相通，防止水倒流入抽滤瓶内，然后再关闭水泵。

（9）要用折叠滤纸过滤，从漏斗上取出结晶时，通常把晶体和滤纸一起取出，待干燥后用刮刀轻敲滤纸，结晶即全部落下，注意勿使滤纸纤维附于晶体上。

（10）减压热过滤时，布氏漏斗和抽滤瓶必须在水浴中充分预热，以防产物在抽滤瓶中结晶。

五、主要试剂及产物的物理常数

常用试剂的物理常数如表 3-4-1 所示。

表 3-4-1　常用试剂的物理常数

溶剂	沸点/℃	熔点/℃	相对密度	与水混合性	易燃性
水	100	0	1.0	+	0
甲醇	65.0	<0	0.791 4	+	+
95%乙醇	78.2	<0	0.4	+	++
冰醋酸	117.9	16.7	0.804	+	+
丙酮	56.2	<0	1.05	+	+++
乙醚	34.5	<0	0.79	−	++++
石油醚	30~60	<0	0.64	−	++++
乙酸乙酯	77.1	<0	0.90	−	++
苯	80.1	5	0.88	−	++++
氯仿	61.7	<0	1.48	−	0
四氯化碳	76.5	<0	1.59	−	0

不同温度下，苯甲酸在水中的溶解度数据如表 3-4-2 所示。

表 3-4-2　不同温度下，苯甲酸在水中的溶解度数据

t/℃	20	25	50	80	100
溶解度/[g·(100 mL)$^{-1}$]	0.46	0.56	0.84	3.45	5.5

六、思考题

（1）简述有机化合物重结晶的步骤和各步骤的目的。

（2）某一有机化合物进行重结晶时，最适合的溶剂应该具有哪些性质？

（3）加热溶解待重结晶粗产物时，为何加入比计算量（根据溶解度数据）略少的溶剂？在渐渐添加至恰好溶解后，为何再多加少量溶剂？

（4）为什么活性炭要在固体物质完全溶解后加入？能在溶液沸腾时加入吗？为什么？

（5）提纯物的溶液为什么要用折叠滤纸和热滤漏斗趁热过滤？

（6）将溶液进行热过滤时，为什么要尽可能减少溶剂的挥发？如何减少其挥发？

（7）热溶液为什么要慢慢冷却让其析出结晶，而不要快速冷却结晶？

（8）减压过滤，如果滤纸大于布氏漏斗底面，会有什么缺点？停止抽滤前，如不拔除橡皮管就关掉水阀，会有什么后果？请你用水作样品试一试上述操作，其结果如何？从这里应吸取什么教训？

（9）在布氏漏斗中用溶剂洗涤固体时应注意什么？

（10）用有机溶剂重结晶时，在哪些操作上易引起着火？如何防止？

（11）用有机溶剂重结晶时，哪些操作与用水作溶剂时不相同？为什么？

（12）间硝基苯甲酸在 100 ℃、79 ℃ 及 25 ℃ 时在水中的溶解度分别是 11 g、4.8 g 及 0.4 g，请计算：热过滤时为 100 ℃，抽滤时为 25 ℃ 及热过滤时 79 ℃，抽滤时为 25 ℃ 这两种情况下，重结晶 5 g 间硝基苯甲酸所需的溶剂-水量及回收率。比较回收率并说明实际操作时采用哪种条件更好。

实验五　萃取与洗涤

【实验目的】

（1）掌握萃取法的基本原理和方法，并熟练实验操作。

（2）熟练掌握分液漏斗的使用方法。

【实验内容】

一、实验原理

1. 萃取基本原理

萃取和洗涤是利用物质在不同溶剂中的溶解度不同来进行分离的操作。萃取和洗涤在原理上是一样的，只是目的不同。从混合物中提取的物质，如果是我们需要的，这种操作叫作萃取或提取；如果是我们不要的，这种操作叫作洗涤。

萃取是利用物质在两种不互溶（或微溶）溶剂中溶解度或分配比的不同来达到分离、提取或纯化目的的一种操作。

将含有机化合物的水溶液用有机溶剂萃取时，有机化合物就在两液相间进行分配。在一定温度下，此有机化合物在有机相中和在水相中的浓度之比为常数，此即分配定律。

假如某物质在两液相 A 和 B 中的浓度分别为 c_A 和 c_B，则在一定温度条件下，$c_A/c_B=K$，K 是常数，称为分配系数，它可以近似地看作此物质在两溶剂中溶解度之比。

设在 V mL 的水中溶解 W_0 g 的有机物，每次用 S mL 与水不互溶的有机溶剂（有机物在此溶剂中一般比水中的溶解度大）重复萃取：

W_1＝第一次萃取后溶质在水中的剩余量（g）；

W_2＝第二次萃取后溶质在水中的剩余量（g）；

W_n = 经过 n 次萃取后溶质在水中的剩余量（g）。

则有

$$\frac{W_1/V}{(W_0-W_1)/S}=K \quad 经整理得 \quad W_1=\frac{KV}{KV+S}\cdot W_0$$

同理：

$$\frac{W_2/V}{(W_1-W_2)/S}=K \quad 经整理得 \quad W_2=\frac{KV}{KV+S}\cdot W_1=\left(\frac{KV}{KV+S}\right)^2\cdot W_0$$

经过 n 次后的剩余量：

$$W_n=\left(\frac{KV}{KV+S}\right)^n\cdot W_0$$

当用一定量的溶剂萃取时，总是希望在水中的剩余量越少越好。因为，式中 $\frac{KV}{KV+S}$ 恒小于1，所以 n 越大，W_n 就越小，也就是说把溶剂分成几份进行多次萃取的效果比用全部量的溶剂作一次萃取效果好。

例：15 ℃时 4 g 正丁酸溶于 100 mL 水溶液，用 100 mL 苯来萃取正丁酸。已知 15 ℃ 时正丁酸在水与苯中的分配系数为 $K=\frac{1}{3}$，若一次用 100 mL 苯来萃取，则萃取后正丁酸水溶液中的剩余量为

$$M_1=4\times\frac{\frac{1}{3}\times100}{\frac{1}{3}\times100+100}=1.0\ （g）$$

若用 100 mL 苯分成三次萃取，即每次用 33.33 mL 苯来萃取，经过第三次萃取后正丁酸在水溶液中的剩余量为

$$M_3=4\times\left(\frac{\frac{1}{3}\times100}{\frac{1}{3}\times100+33.33}\right)^3=0.5\ （g）$$

萃取效率为

$$\frac{4-0.5}{4}\times100\%=\frac{3.5}{4}\times100\%=87.5\%$$

另一类萃取原理是利用萃取剂能与被萃取物质起化学反应，称为化学萃取。这种萃取通常用于从化合物中除去少量杂质或分离混合物。常用的这类萃取剂有 5% 氢氧化钠水溶液，5% 或 10% 的碳酸钠、碳酸氢钠水溶液，稀盐酸、稀硫酸及浓硫酸等。碱性的萃取剂可以从有机相中移出有机酸，或从溶于有机溶剂的有机化合物中除去酸性杂质（使酸性杂质形成钠盐溶于水中）；稀盐酸及稀硫酸可从混合物中萃取有机碱性物质或用于除去碱性杂质；浓硫酸可应用于从饱和烃中除去不饱和烃，从卤代烷中除去醇及醚等。还有液-固萃取，即自固体中萃取化合物，通常是用长期浸出法或采用索氏提取器。

2. 多次萃取操作步骤及注意事项

（1）选择容积较液体体积大一倍以上的分液漏斗，把活塞擦干，在活塞上均匀涂上一

层润滑脂（切勿涂得太厚或使润滑脂进入活塞孔中，以免污染萃取液），塞好活塞后再把活塞旋转几圈，使润滑脂均匀分布，看上去透明即可。

（2）检查分液漏斗的顶塞与活塞处是否渗漏（用水检验），确认不漏水时方可使用，将其放置在合适的位置并固定在铁架上的铁圈中，关好活塞。

（3）将被萃取液和萃取剂（一般为被萃取液体积的1/3）依次从上口倒入漏斗中，塞紧顶塞（顶塞不能涂润滑脂）。

（4）取下分液漏斗，用右手手掌顶住漏斗顶塞并握住漏斗颈，左手握住漏斗活塞处，大拇指压紧活塞（见图3-5-1），把分液漏斗口略朝下倾斜并前后振荡：开始振荡要慢，振荡后，使漏斗口仍保持原倾斜状态，下部支管口指向无人处，左手仍握在活塞支管处，用拇指和食指旋开活塞，释放漏斗内的蒸气或产生的气体，使内外压力平衡，此操作也称"放气"。如此重复至放气时只有很小压力后，再剧烈振荡2~3 min，然后再将漏斗放回铁圈中静置。

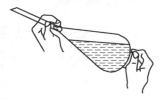

图3-5-1　分液漏斗的握法

（5）待两层液体完全分开后，打开顶塞，再将活塞缓缓旋开，下层液体自活塞放出至接收瓶：

①若萃取剂的相对密度小于被萃取液的相对密度，下层液体尽可能放干净，有时两相间可能出现一些絮状物，也应同时放出；然后将上层液体从分液漏斗的上口倒入三角瓶中，切不可从活塞放出，以免被残留的被萃取液污染。再将下层液体倒入分液漏斗中，用新的萃取剂萃取，重复上述操作，萃取次数一般为3~5次。

②若萃取剂的相对密度大于被萃取液的相对密度，下层液体从活塞放入三角瓶中，但不要将两相间可能出现的一些絮状物放出；再从漏斗口加入新萃取剂，重复上述操作，萃取次数一般为3~5次。

（6）将所有的萃取液合并，加入过量的干燥剂干燥。

（7）然后蒸去溶剂，根据化合物的性质利用蒸馏、重结晶等方法纯化。

二、实验仪器及试剂

（1）仪器：分液漏斗、锥形瓶、烧杯、圆底烧瓶、水浴锅、天平、布氏漏斗、循环水真空泵。

（2）试剂：对甲苯胺、β-萘酚、萘、浓盐酸、甲基叔丁基醚、10%氢氧化钠溶液、无水氯化钙、粒状氢氧化钠。

三、实验步骤

（1）称取3 g三组分混合物样品（对甲苯胺、β-萘酚、萘）溶于25 mL甲基叔丁基醚中，将该溶液转入分液漏斗中，加入3 mL浓盐酸溶解在25 mL水中的溶液，并充分振荡，静置分层后，放出下层液体（水溶液）。再用同样的第二份酸液萃取一次，最后用10 mL水萃取。合并三次酸性萃取液，待处理。

（2）剩下的甲基叔丁基醚溶液每次用25 mL 10%氢氧化钠溶液萃取两次，并用10 mL水再萃取一次，合并碱性溶液放置处理。

（3）将剩下的甲基叔丁基醚溶液（含萘）从分液漏斗颈部倒入锥形瓶中，加适量的无水氯化钙振荡 15 min。然后将甲基叔丁基醚溶液滤入已知质量的圆底烧瓶中，用水浴蒸馏并回收甲基叔丁基醚，称量萘的质量。

（4）向酸性萃取液中滴加 10% 氢氧化钠至呈碱性。然后每次用 25 mL 甲基叔丁基醚分两次萃取碱液。合并醚萃取液，用粒状氢氧化钠干燥 15 min。然后将甲基叔丁基醚滤入已称重的圆底烧瓶中，用水浴蒸馏回收甲基叔丁基醚。称量对甲苯胺的质量。

（5）向碱性萃取液中滴加浓盐酸至呈酸性，在中和过程中外部用冷水浴冷却，有白色沉淀析出，减压抽滤。称量 β-萘酚的质量。

四、实验关键及注意事项

（1）分液漏斗的使用方法正确（包括振摇、放气、静置、分液等操作）。

（2）准确判断萃取液与被萃取液的上下层关系。

五、思考题

（1）影响萃取法的萃取效率的因素有哪些？怎样才能选择好溶剂？

（2）使用分液漏斗的目的何在？使用分液漏斗时要注意哪些事项？

（3）两种不相溶的液体同时放置于分液漏斗中，请问相对密度大的在哪一层？下层液体从哪里放出来？放出液体时为了不要流得太快，应该怎样操作？留在分液漏斗中的上层液体，应从哪里倾入另一容器？

附录：

萃取实验补充资料

本实验以甲基叔丁基醚从醋酸水溶液中萃取醋酸为例来说明实验步骤。

1. 一次萃取法

（1）用移液管准确量取 10 mL 冰醋酸与水的混合液放入分液漏斗中，用 30 mL 甲基叔丁基醚萃取。

（2）用右手食指将漏斗顶塞顶住，用大拇指及食指、中指握住漏斗，转动左手的食指和中指蜷握在下端活塞柄上，使振荡过程中顶塞和活塞均夹紧，上下轻轻振荡分液漏斗，每隔几秒放气。

（3）将分液漏斗置于铁圈上，当溶液分成两层后，打开顶塞，再小心旋开活塞，放出下层水溶液于 50 mL 三角瓶内。

（4）加入 3~4 滴酚酞作指示剂，用 0.2 mol/L NaOH 溶液滴定，记录 NaOH 体积。

计算：①留在水中的醋酸量及质量分数；②留在甲基叔丁基醚中的醋酸量及质量分数。

2. 多次萃取法

（1）准确量取 10 mL 冰乙酸与水的混合液于分液漏斗中，用 10 mL 甲基叔丁基醚如上法萃取，分出醚溶液。

（2）将水溶液再用 10 mL 甲基叔丁基醚萃取，分出醚溶液。

(3) 将第二次剩余水溶液再用 10 mL 甲基叔丁基醚萃取，如此共三次。用 0.2 mol/L NaOH 溶液滴定水溶液。

计算：①留在水中的醋酸量及质量分数；②留在甲基叔丁基醚中的醋酸量及质量分数。比较两种萃取法的萃取效果。

实验六　薄层色谱

【实验目的】

(1) 了解薄层色谱的基本原理及操作技术。
(2) 学会利用薄层色谱分离混合物。

【实验内容】

一、实验原理

色谱法是分离、提纯和鉴定有机化合物的重要方法，有着极其广泛的用途。早期用此方法来分离有色物质时，往往得到颜色不同的色层，色谱一词由此而得名，但现在被分离的物质不管是否有颜色都能适用，因此色谱一词早已超出原来的含义。

色谱法的基本原理是利用混合物中各组分在某一物质中吸附或溶解性能（即分配）的不同，或其他亲和作用性能的差异，使混合物的溶液流经该物质时进行反复的吸附或分配等作用，从而将各组分分开。流动的混合物称为流动相，固定不流动的称为固定相（可以是固体或液体）。根据组分在固定相中的作用原理不同，可分为吸附色谱、分配色谱、离子交换色谱、排阻色谱等；根据操作条件的不同，又可分为柱色谱、纸色谱、薄层色谱、气相色谱及高效液相色谱等类型。

薄层色谱是一种微量、快速而简单的色谱方法，一方面适用于小量样品（几到几十微克，甚至 0.01 μg）的分离；另一方面若在制作薄层板时，把吸附层加厚，将样品点成一条线，则可分离多达 500 mg 的样品，因此又可用来精制样品。

薄层色谱是在被洗涤干净的玻璃板（10 cm×3 cm 左右）上均匀地涂一层吸附剂或支持剂，待干燥、活化后将样品溶液用管口平整的毛细管滴加于离薄层板一端约 1 cm 处的起点线上，晾干或吹干后置薄层板于盛有展开剂的展开槽内，浸入深度为 0.5 cm。待展开剂前沿离顶端约 1 cm 附近时，将色谱板取出，干燥后喷以显色剂，或在紫外灯下显色。记下原点至主斑点中心及展开剂前沿的距离，计算比移值（R_f）：

$$R_f = \frac{溶质的最高浓度中心至原点中心的距离}{溶剂前沿至原点中心的距离}$$

利用薄层色谱可以进行有机混合物的分离、鉴定工作，具有灵敏、快速、准确、简单等优点，故此法特别适用于挥发性较小或在较高温度容易发生变化而不能用气相色谱分析的物质。此外，在进行有机合成实验时，常常利用薄层色谱观察原料斑点的逐渐消失，来跟踪有机反应及判断有机反应完成的程度。

二、实验仪器及试剂

（1）仪器：广口瓶、玻璃板、烘箱。
（2）试剂：圆珠笔芯（样品）、硅胶 GF254、羧甲基纤维素钠、乙酸乙酯、异丙醇、冰醋酸、水。

三、实验步骤

1. 薄层板的制备（湿板的制备）

薄层色谱常用的有吸附色谱和分配色谱两类。吸附色谱的吸附剂最常用的是氧化铝和硅胶；分配色谱的支持剂为硅藻土和纤维素。欲使吸附剂与玻璃板粘接牢固，常加入少量黏合剂，如羧甲基纤维素钠（简称 CMC-钠）、煅石膏 $2CaSO_4·H_2O$、淀粉等。加黏合剂的薄层板叫硬板，未加黏合剂的薄层板叫软板。其中不加任何黏合剂的以 H 表示，如硅胶 H、氧化铝 H；加煅石膏的用 G 表示，如硅胶 G、氧化铝 G；加荧光剂的用 F 表示，如硅胶 HF254、氧化铝 HF254。加入荧光剂是为了显色方便。

薄层板制备的好坏直接影响色谱的结果。薄层应尽量均匀且厚度（0.25～1.00 mm）要一致。否则，在展开时展开剂前沿不齐，色谱结果也不易重复。

简易平铺法（倾注法）：将配制好的浆料倾注到清洁干燥的载玻片上，拿在手中轻轻左右摇晃，使其表面均匀平滑，在室温下晾干后进行活化。

本实验用此法制备薄层板 5 片：吸附剂为硅胶 GF254 3 g，用 6～7 mL 0.5% 羧甲基纤维素钠水溶液调成浆料。

2. 薄层板的活化

将涂好的薄层板置于室温晾干后，放在烘箱内加热活化，活化条件根据需要而定。硅胶板一般在烘箱中渐渐升温，维持 105～110 ℃活化 30 min。

3. 点样

通常将样品溶于低沸点溶剂（丙酮、甲醇、乙醇、氯仿、苯、乙醚和四氯化碳）配成 1% 的溶液，用内径小于 1 mm 管口平整的毛细管点样。

（1）先用铅笔在距薄层板一端 1 cm 处轻轻画一条横线作为起始线，然后用毛细管吸取样品，在起始线上小心点样，斑点直径一般不超过 2 mm。

（2）若因样品溶液太稀，可重复点样，但应待前次点样的溶剂挥发后方可重新点样，以防斑点过大，造成拖尾、扩散等现象，从而影响分离效果。

（3）若在同一板上点几个样，斑点间距离应为 1.0～1.5 cm。

（4）点样要轻，不可刺破薄层。

在薄层色谱中，样品的用量对物质的分离效果有很大影响，所需样品的量与显色剂的灵敏度、吸附剂的种类、薄层的厚度均有关系。样品太少，斑点不清楚，难以观察，但样品量太多时往往会出现斑点太大或拖尾现象，以至于不易分开。

4. 展开

薄层色谱展开剂的选择和柱色谱一样，主要根据样品的极性、溶解度和吸附剂的活性等因素来考虑。凡溶剂的极性越大，则对非极性化合物的洗脱能力也越大，即 R_f 值也越大（如果样品在溶剂中有一定溶解度）。

薄层色谱用的展开剂绝大多数是有机溶剂。薄层色谱的展开（见图 3-6-1），需要在密闭容器中进行。为使溶剂蒸气迅速达到平衡，可在展开槽内衬一张滤纸。展开方式有以下 4 种：

（1）上升法：将色谱板垂直于盛有展开剂的容器中，适用于含黏合剂的色谱板。

（2）倾斜上行法：色谱板倾斜 10°~15°，适用于干板或无黏合剂软板的展开；色谱板倾斜 45°~60°，适用于含有黏合剂的色谱板。

（3）下降法：用滤纸或纱布等将展开剂吸到薄层板的上端，使展开剂沿板下行，这种连续展开的方法适用于 R_f 值小的化合物。

（4）双向色谱法：将样品点在方形薄层板的角上，先向一个方向展开，然后转动 90°的位置，再换另一种展开剂展开。该方法适用于成分复杂的化合物分离。

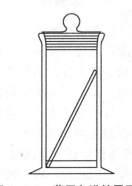

图 3-6-1　薄层色谱的展开

本实验采用方法（2）展开，展开剂为乙酸乙酯：异丙醇：冰醋酸：水＝9：2：1：3 的混合溶剂。

5. 显色

凡可用于纸色谱的显色剂都可用于薄层色谱。薄层色谱还可使用腐蚀性的显色剂，如浓硫酸、浓盐酸和浓磷酸等。

对于含有荧光剂（硫化锌镉、硅酸锌、荧光黄）的薄层板在紫外光下观察，展开后的有机化合物在亮的荧光背景上呈暗色斑点。此外，大部分有机物可用碘斑点实验法来使薄层色谱斑点显色。

四、实验关键及注意事项

（1）薄层板的制备应注意两点：载玻片应干净且不被手污染；吸附剂在玻片上应均匀平整。

（2）点样与展开应按要求进行：点样不能戳破薄层板面；展开时，不要让展开剂前沿上升至底线，否则，无法确定展开剂上升高度，即无法求得 R_f 值和准确判断粗产物中各组分在薄层板上的相对位置。

五、思考题

（1）薄层色谱的作用是什么？
（2）比移值的大小说明了什么？

实验七　柱色谱

【实验目的】

（1）掌握柱色谱分离、装柱、洗脱、分离操作。

(2) 分离次甲基蓝与甲基橙混合液。

【实验内容】

一、实验原理

柱色谱通常是分离混合物和提纯少量有机物的有效方法。常用的柱色谱有吸附柱色谱和分配柱色谱，实验室中最常用的是吸附柱色谱，它常用氧化铝和硅胶作固定相。它是利用混合物中各组分在不相溶的流动相中吸附和解吸能力的不同而分离。当混合物流动相流过固定相时，发生了多次吸附和解吸过程，从而使混合物分离成各种单一的纯组分。

柱色谱通常在玻璃管中填入面积很大，经过活化的粉状固体吸附剂，将以溶解的样品加入吸附柱中，混合物溶液流经吸附柱时，各组分同时被吸附在柱子的上端，当用洗脱剂（流动相）进行淋洗时，各组分由于在洗脱剂中的溶解度不同，因此被解吸的能力也不同。根据相似相溶原理，极性化合物易溶于极性洗脱剂中，一般先用非极性洗脱剂淋洗。

吸附—解吸—吸附交替进行，使不同吸附能力的化合物按不同速度沿柱向下移动，形成不同层次的色带，每一个色带代表一个组分，分别收集每个色带即可得到各组分的溶液，将洗脱剂蒸去后可得到单一纯净的物质。

次甲基蓝（亚甲基蓝）和甲基橙结构中既有极性部分，又有非极性部分，次甲基蓝溶于乙醇，而甲基橙不溶于乙醇等有机溶剂，但它们都可溶于水，实验室通常是用乙醇作溶剂进行分离。

二、实验仪器与试剂

（1）仪器：色谱柱、铁架台、锥形瓶。
（2）试剂：乙醇、石英砂、次甲基蓝、甲基橙。

三、实验步骤

1. 安装色谱柱

选用直径 1.5 cm、长 15 cm 的色谱柱，垂直固定在铁架台上，夹子夹在柱的顶端。向柱中加入乙醇至柱高的 1/2，从柱的顶端用玻璃棒将少许棉花推到柱的底部，在棉花上可加入一薄层石英砂。

2. 配制固定相和样品

在小烧杯中称取约 10 g 的氧化铝加入 10~15 mL 乙醇调匀。另外，预先将 2 g 甲基橙和 0.25 g 次甲基蓝溶于 110 mL 乙醇中，备用。

3. 装柱

打开柱下活塞，控制流出速度每秒一滴，将烧杯中氧化铝糊状物加进柱内，氧化铝自然沉降，使填装紧密而均匀，当加至柱高的 3/4 时，用滴管吸取少量的乙醇轻轻冲洗柱壁上的氧化铝，然后用玻璃棒敲击柱身，使柱面平整。事先剪好一张圆形滤纸覆盖在氧化铝上面。柱活塞下接干净的锥形瓶，流下的乙醇反复套用。

4. 上样和洗脱

当溶剂面刚好到达滤纸表面 1 mm 时，立即用滴管加入 1 mL 次甲基蓝和甲基橙的混合液。当混合液面降至滤纸面 1 mm 时用滴管吸取少量乙醇,淋洗黏附在柱壁上的溶液。用滴管加入乙醇洗脱,控制流出速度。在整个洗脱过程中不要使柱干裂。在淋洗过程中可看到色带的形成和分离。当蓝色的次甲基蓝色带到达柱底时,更换干净的接收瓶,收集蓝色的色带;然后改用蒸馏水为洗脱剂并更换接收瓶。当黄色的甲基橙色带到达柱底时,再更换接收器,收集黄色的色带。

5. 蒸馏

蒸馏获得次甲基蓝和甲基橙。

色谱柱装置如图 3-7-1 所示。

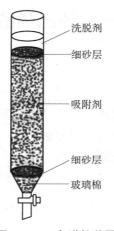

图 3-7-1 色谱柱装置

(图片来源:姚刚,王红梅. 有机化学实验 [M]. 2 版. 北京:化学工业出版社,2017:81.)

四、实验关键及注意事项

(1) 棉花主要是挡住氧化铝,不宜塞得太紧,否则会影响流出速度。

(2) 氧化铝与乙醇混合均匀即可,切勿捣碎成黏糊状,这样会使流出速度减慢。

(3) 色谱柱填装紧密与否,对分离效果影响很大。若柱中留有气泡或各部分松紧不均匀,会影响渗透速度和显色的均匀。

五、思考题

(1) 在柱色谱操作中,如何提高样品分离效果?

(2) 在柱色谱操作中,极性大的组分如何洗脱?

第 4 章 制备实验

实验一 环己烯的制备

【实验目的】

(1) 学习以浓硫酸催化环己醇脱水制备环己烯的原理和方法。
(2) 学习分馏原理及刺形分馏柱的使用方法。
(3) 巩固水浴蒸馏的基本操作技能。

【实验内容】

一、实验原理

相对分子质量较低的烯烃是材料工业中的基本合成原料,由石油裂解经分离提纯得到。实验室制备烯烃主要采用醇的脱水及卤代烷脱卤化氢两种方法。实验室中通常可用浓硫酸或浓磷酸催化环己醇脱水制备环己烯。本实验是以浓硫酸作为催化剂来制备环己烯。

主反应:

$$\text{C}_6\text{H}_{11}\text{OH} \xrightarrow[165\sim170\,°\text{C}]{\text{H}_2\text{SO}_4} \text{C}_6\text{H}_{10} + \text{H}_2\text{O}$$

一般认为,该反应历程是通过碳正离子中间体进行的单分子消除反应(E1),整个反应是可逆的:

$$\text{C}_6\text{H}_{11}\text{OH} \underset{}{\overset{\text{H}^+}{\rightleftharpoons}} \text{C}_6\text{H}_{11}\overset{+}{\text{OH}}_2 \underset{}{\overset{-\text{H}_2\text{O}}{\rightleftharpoons}} \text{C}_6\text{H}_{11}^+ \underset{}{\overset{-\text{H}^+}{\rightleftharpoons}} \text{C}_6\text{H}_{10}$$

整个反应的实验装置如图 4-1-1、图 4-1-2 所示。

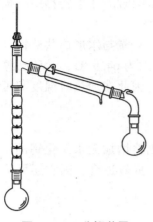 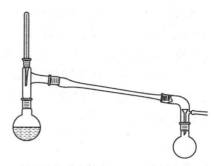

图 4-1-1　分馏装置　　　　　　　图 4-1-2　蒸馏装置

二、实验仪器及试剂

（1）仪器：半微量玻璃仪器一套。
（2）试剂：环己醇、浓硫酸、氯化钠、无水氯化钙、5%碳酸钠溶液。

三、实验步骤

1. 加料

在 50 mL 干燥的圆底烧瓶中加入 15 g 环己醇、1 mL 浓硫酸和几粒沸石，充分振摇使之混合均匀。

2. 加热回流，蒸出粗产物

在圆底烧瓶上装一根短的刺形分馏柱，接上直形冷凝管，将接收瓶浸在冷水中冷却。反应开始缓缓加热至沸，控制刺形分馏柱顶部的溜出温度不超过 90 ℃，馏出液为带水的混浊液。至无液体蒸出时，可升高加热温度，当圆底烧瓶中只剩下很少残液并出现阵阵白雾时，即可停止蒸馏。

3. 分离并干燥粗产物

将馏出液用氯化钠饱和，然后加入 3~4 mL 5%碳酸钠溶液去除微量的酸。将此液体转入分液漏斗中，振摇（注意放气操作）后静置分层，打开上口玻塞，将下层水溶液从分液漏斗下端的活塞放出，上层粗产物从分液漏斗上口倒入干燥的小锥形瓶中，用 1~2 g 无水氯化钙干燥。

4. 蒸出产品

将干燥后的产物滤入干燥的圆底烧瓶中，加入几粒沸石后用水浴加热蒸馏，收集 80~85 ℃ 的馏分于已称重的小锥形瓶中。

四、实验关键及注意事项

（1）投料时应先投环己醇，再投浓硫酸；投料后，一定要混合均匀。

(2) 环己醇在常温下是黏稠状液体，因而若用量筒量取时应注意转移中的损失，环己烯与浓硫酸应充分混合，否则在加热过程中可能会局部炭化。

(3) 反应时，控制温度不要超过 90 ℃。由于反应中环己烯与水形成共沸物（共沸点为 70.8 ℃，含水 10%），环己醇与环己烯形成共沸物（共沸点为 64.9 ℃，含环己醇 30.5%），环己醇与水形成共沸物（共沸点为 97.8 ℃，含水 80%），因此在加热时温度不可过高，蒸馏速度不宜太快，以减少未反应的环己醇蒸出。

(4) 反应、干燥、蒸馏所涉及的器皿都应干燥。

(5) 干燥剂用量合理。水层应尽可能分离完全，否则将增加无水氯化钙的用量，使产物更多地被干燥剂吸附而导致损失，这里用无水氯化钙干燥较适合，因它还可除去少量环己醇。

五、主要试剂及产品的物理常数

主要试剂及产品的物理常数如表 4-1-1 所示。

表 4-1-1 主要试剂及产品的物理常数

名称	相对分子质量	熔点/℃	沸点/℃	相对密度	溶解度/$[(g \cdot 100\ mL\ 水)^{-1}]$
环己醇	100.16	25.2	161	0.962 4	稍溶
环己烯	82.14	−104	83.19	0.809 8	不溶

六、思考题

(1) 在粗制的环己烯中，加入氯化钠使水层饱和的目的何在？

(2) 在蒸馏终止前，出现的阵阵白雾是什么？

(3) 下列醇用浓硫酸进行脱水反应的主要产物是什么？

①3-甲基-1-丁醇；②3-甲基-2-丁醇；③3,3-二甲基-2-丁醇

实验二　溴乙烷的制备

【实验目的】

(1) 学习以溴化钠、浓硫酸和乙醇制备溴乙烷的原理和方法。

(2) 练习低沸点蒸馏的基本操作和分液漏斗的使用方法。

【实验内容】

一、实验原理

卤代烃是重要的有机中间体，可以用来制备多种化合物。实验室制备卤代烃的方法多是

通过醇与卤化氢、三卤化磷或氯化亚砜亲核取代反应得到。醇和氢卤酸的反应是一个可逆反应。为了使反应平衡向右移动，可以增加醇或氢卤酸的浓度，也可以设法除去生成的卤代烷或水，或者两者同时除去。在制备溴乙烷时，采用溴化钠-硫酸法制备。在增加乙醇用量的同时，把反应中生成的低沸点溴乙烷及时地从反应混合物中蒸馏出来。

主反应：

$$NaBr + H_2SO_4 \longrightarrow HBr + NaHSO_4$$

$$CH_3CH_2OH + HBr \xrightarrow{H_2SO_4} CH_3CH_2Br + H_2O$$

副反应：

$$2CH_3CH_2OH \xrightarrow{H_2SO_4} CH_3CH_2OCH_2CH_3 + H_2O$$

$$CH_3CH_2OH \xrightarrow{H_2SO_4} H_2C=CH_2 + H_2O$$

$$2HBr + H_2SO_4(浓) \longrightarrow Br_2 + SO_2 + 2H_2O$$

二、实验仪器及试剂

（1）仪器：圆底烧瓶、直形冷凝管、接引管、温度计、蒸馏头、分液漏斗、锥形瓶。
（2）试剂：95%乙醇、无水溴化钠、浓硫酸、饱和亚硫酸氢钠溶液。

三、实验步骤

1. 溴乙烷的生成

在 50 mL 圆底烧瓶中加入 5 mL 95%乙醇及 5 mL 水，在不断振荡和冷却下，缓慢加入浓硫酸 10 mL，混合物冷却到室温，在搅拌下加入研细的 7.5 g 无水溴化钠，再加入几粒沸石，小心摇动圆底烧瓶使其混合均匀。搭建蒸馏装置。溴乙烷沸点很低，极易挥发，为了避免损失，在接收瓶中加入冷水及 5 mL 饱和亚硫酸氢钠溶液，放在冰水浴中冷却，并使接引管的末端刚浸没在水溶液中。

开始小心加热缓慢升温，使反应液微微沸腾，反应平稳进行，直到无油状物蒸出（随反应进行，反应混合液开始有大量气体出现，此时一定控制加热强度，不要造成暴沸，然后固体逐渐减少，当固体全部消失时，反应液变得黏稠，然后变成透明液体，此时已接近反应终点）。用盛水的烧杯检查有无溴乙烷蒸出。

2. 溴乙烷的精制

将接收瓶中的液体倒入分液漏斗，静置分层后，将下层的粗溴乙烷转移至干燥的 50 mL 锥形瓶中。在冰水冷却下，用滴管小心加入 2 mL 浓硫酸，边加边摇动锥形瓶进行冷却。用干燥的分液漏斗分出下层浓硫酸。将上层溴乙烷从分液漏斗上口倒入 25 mL 蒸馏瓶中，加入几粒沸石在水浴上进行蒸馏。将已称重的干燥锥形瓶作为接收瓶，并浸于冰水中冷却。收集 34~40 ℃ 的馏分。计算产率。

纯溴乙烷为无色液体，沸点为 38.4 ℃，$n_D^{20} = 1.423\ 9$。

四、实验关键及注意事项

（1）加少量水可防止反应进行时产生大量泡沫，减少副产物乙醚的生成和避免氢溴酸的挥发。

（2）用相当量的 NaBr·2H₂O 或 KBr 代替均可，但后者价格较高。

（3）蒸馏速度宜慢，否则蒸气来不及冷却而逸失；此外，开始加热时，常有很多泡沫产生，若加热太猛烈，会使反应物冲出。

（4）尽可能将水分离干净，否则当用浓硫酸洗涤时会产生热量而使产物挥发损失。

（5）加浓硫酸可除去乙醚、乙醇及水等杂质。为防止产物挥发，应在冷却下操作。

（6）当洗涤不够时，馏分中仍可能含极少量水及乙醇，它们与溴乙烷分别形成共沸物（溴乙烷-水，共沸点为 37 ℃，含水约 1%；溴乙烷-乙醇，共沸点为 37 ℃，含乙醇 3%）。

五、思考题

（1）溴乙烷沸点低（38.4 ℃），实验中采取了哪些措施减少溴乙烷的损失？
（2）溴乙烷的制备中浓硫酸洗涤的目的何在？

实验三　正溴丁烷的制备

【实验目的】

（1）学习制备正溴丁烷的原理及方法。
（2）练习回流及有害气体吸收装置的安装与操作。
（3）进一步练习液体产品的纯化方法——洗涤、干燥、蒸馏等操作。

【实验内容】

一、实验原理

主反应：

$$NaBr + H_2SO_4 \longrightarrow HBr + NaHSO_4$$
$$C_4H_9OH + HBr \rightleftharpoons C_4H_9Br + H_2O$$

副反应：

$$C_4H_9OH \xrightarrow{H_2SO_4} C_2H_5CH=CH_2 + H_2O$$
$$2C_4H_9OH \xrightarrow{H_2SO_4} C_4H_9OC_4H_9 + H_2O$$
$$2HBr + H_2SO_4 \longrightarrow Br_2 + SO_2 + 2H_2O$$

本实验主反应为可逆反应，提高产率的措施是让 HBr 过量，并用 NaBr 和 H₂SO₄ 代替 HBr，边生成 HBr 边参与反应，这样可提高 HBr 的利用率；H₂SO₄ 还起到催化脱水和吸水作用。反应中，为防止反应物正丁醇被蒸出，采用了回流装置。由于 HBr 有毒害，为防止 HBr 逸出，污染环境，需安装气体吸收装置。回流后再进行粗蒸馏，一方面使生成的产品正溴丁烷分离出来，便于后面的洗涤操作；另一方面，粗蒸过程可进一步使正丁醇与 HBr 的反应趋于完全。

二、实验仪器及试剂

（1）仪器：半微量玻璃仪器一套、分液漏斗、电热套。
（2）试剂：正丁醇、无水溴化钠、浓硫酸、饱和碳酸氢钠溶液、无水氯化钙、亚硫酸氢钠。

三、实验步骤

1. 反应

在 50 mL 圆底烧瓶中加入 5 mL 水，并小心缓慢地加入 7 mL 浓硫酸，混合均匀后冷至室温。再依次加入 4.6 mL 正丁醇、6.5 g 无水溴化钠，充分摇匀后加入几粒沸石，装上球形冷凝管和气体吸收装置（用自来水作吸收液）。用小火加热至沸腾，调节使反应物保持沸腾而又平稳回流。由于无机盐水溶液密度较大，不久会产生分层，上层液体为正溴丁烷，回流约需 30 min。

反应完成后，待反应液冷却，卸下球形冷凝管，改为蒸馏装置，蒸出粗产品正溴丁烷，仔细观察馏出液，到无油滴蒸出为止。

2. 纯化

将馏出液转入分液漏斗中，用等体积的水洗涤，将油层从下口放入一个干燥的小锥形瓶中，分两次加入 3 mL 浓硫酸，每一次都要充分摇匀，如果混合物发热，可用冷水浴冷却。将混合物转入分液漏斗中，静置分层，放出下层的浓硫酸。有机相依次用等体积的水（如果产品有颜色，在这步洗涤时，可加入少量亚硫酸氢钠，振摇几次就可除去）、饱和碳酸氢钠溶液、水洗涤后，转入干燥的锥形瓶中，加入 2 g 左右的块状无水氯化钙干燥，间歇摇动锥形瓶，至溶液澄清为止。

将干燥好的产物转入蒸馏瓶中（小心，勿使干燥剂进入蒸馏瓶中），加入几粒沸石，加热蒸馏，收集 99~103 ℃ 的馏分，产量约 6.5 g。

注意：本实验最后蒸馏收集 99~103 ℃ 的馏分，但是由于干燥时间较短，水一般除不尽，因此，水和产品形成的共沸物会在 99 ℃ 以前就被蒸出来，这称为前馏分，不能作为产品收集，要另用瓶接收，等到 99 ℃ 后，再用事先称重的干燥的锥形瓶接收产品。

四、实验关键及注意事项

（1）加料时，不要让溴化钠黏附在液面以上的烧瓶壁上，加完物料后要充分摇匀，防止浓硫酸局部过浓，一加热就会产生氧化副反应，使产品颜色加深。

$$2NaBr+3H_2SO_4 \longrightarrow Br_2+SO_2+2H_2O+2NaHSO_4$$

（2）加热时，一开始不要加热过猛，否则反应生成的 HBr 来不及反应就会逸出，另外反应混合物的颜色也会很快变深。操作情况良好时，油层仅呈浅黄色，球形冷凝管顶端应无明显的 HBr 逸出。

（3）粗蒸正溴丁烷时，黄色的油层会逐渐被蒸出，应蒸至油层消失后，馏出液无油滴蒸出为止。检验的方法是用一个小锥形瓶，里面事先装一定的水，用其接一两滴馏出液，观察其滴入水中的情况,如果滴入水中后扩散,说明已无产品蒸出;如果滴入水中后呈油珠下沉,说明仍有产品蒸出。当无产品蒸出后,若继续蒸馏,馏出液又会逐渐变黄,呈强酸性。这是由于蒸出的是溴化氢水溶液和溴化氢被浓硫酸氧化生成的 Br_2,不利于后续的纯化。

(4) 如果用磨口仪器,粗蒸时,也可将75°弯管换成蒸馏头进行蒸馏,用温度计观察蒸气出口的温度,当蒸气温度持续上升到105 ℃以上而馏出液增加甚慢时,即可停止蒸馏,这样判断蒸馏终点比观察馏出液有无油滴更为方便准确。

(5) 用浓硫酸洗涤粗产品时,一定要事先将油层与水层彻底分开,否则会因浓硫酸被稀释而降低洗涤的效果。如果粗蒸时,蒸出的 HBr 洗涤前未分离除尽,加入浓硫酸后就被氧化生成 Br_2,而使油层和酸层都变为橙黄色或橙红色。

(6) 酸洗后,如果油层有颜色,其是由氧化生成的 Br_2 造成的,在随后水洗时,可加入少量亚硫酸氢钠,充分振摇而除去。

$$Br_2 + 3NaHSO_3 \longrightarrow 2NaBr + NaHSO_4 + 2SO_2 + H_2O$$

(7) 用无水氯化钙干燥时,一般用粒状的,粉末的容易造成悬浮而不好分离。无水氯化钙的用量视粗产品中含水量而定。摇动后,如果溶液变澄清,无水氯化钙表面没有变化就可以了。如果粗产品中含水量较多,摇动后,无水氯化钙表面会变湿润,这时应再补加适量的无水氯化钙。用无水氯化钙干燥产品,一般至少放置半个小时。干燥后,干燥剂可通过过滤而除去,也可用倾倒的方法,即用玻璃棒挡住不让干燥剂进入蒸馏瓶中。

五、主要试剂及产物的物理常数

主要试剂及产物的物理常数如表 4-3-1 所示。

表 4-3-1 主要试剂及产物的物理常数

名称	相对分子质量	性状	折射率	相对密度	熔点/℃	沸点/℃	溶解度/$[g \cdot (100\ mL\ 溶剂)^{-1}]$		
							水	醇	醚
正丁醇	74.12	无色透明液体	1.399 3	0.809 8	−89.5	117.7	7.9 (20 ℃)	∞	∞
正溴丁烷	137.03		1.440 1	1.275 8	−112.4	101.6	不溶	∞	∞

六、思考题

(1) 本实验中浓硫酸的作用是什么?浓硫酸的用量和浓度过大或过小有什么坏处?

(2) 反应后的粗产物含有哪些杂质?各步洗涤的目的何在?

(3) 用分液漏斗洗涤产物时,正溴丁烷时而在上层,时而在下层,如不知道产物的密度时,可用什么简便的方法加以判别?

(4) 为什么用饱和碳酸氢钠溶液洗涤前先要用水洗一次?

(5) 用分液漏斗洗涤产物时,为什么摇动后要及时放气?应如何操作?

实验四　乙醚的制备

【实验目的】

（1）掌握实验室制乙醚的原理与方法。
（2）初步掌握低沸点易燃液体的操作要点。

【实验内容】

一、基本原理

主反应：

$$C_2H_5OH + H_2SO_4 \xrightleftharpoons{100\sim130\ ℃} C_2H_5OSO_2OH + H_2O$$

$$C_2H_5OSO_2OH + C_2H_5OH \xrightleftharpoons{135\sim145\ ℃} C_2H_5OC_2H_5 + H_2SO_4$$

总反应：

$$2C_2H_5OH \xrightleftharpoons{135\sim145\ ℃,\ H_2SO_4} C_2H_5OC_2H_5 + H_2O$$

副反应：

$$C_2H_5OH \xrightarrow[[O]]{170\ ℃} \begin{array}{l} CH_2=CH_2 + H_2O \\ CH_3CHO + SO_2\uparrow + H_2O \end{array}$$

$$CH_3CHO \xrightarrow{H_2SO_4} CH_3COOH + SO_2\uparrow + H_2O$$

实验装置如图 4-4-1 所示。

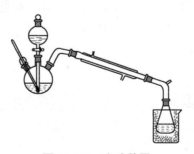

图 4-4-1　实验装置

二、实验仪器及试剂

（1）仪器：半微量玻璃仪器一套、烧杯、温度计、电热套。
（2）试剂：50%乙醇、浓硫酸、5%氢氧化钠溶液、饱和氯化钠溶液、饱和氯化钙溶液、无水氯化钙。

三、实验步骤

1. 合成

在 50 mL 干燥的三颈烧瓶中加入 6 mL 95%乙醇，将三颈烧瓶浸入冰水中冷却，缓慢加入 6 mL 浓硫酸混匀，滴液漏斗内盛有 12 mL 95%乙醇，装上温度计，温度计的水银球必须浸入液面以下距瓶底 0.5~1.0 cm，加入 2 粒沸石，接收瓶浸入冰水中冷却，接尾管的支管接橡皮管通入水槽中。加热使反应瓶温度比较迅速地上升到 140 ℃，开始由滴液漏斗慢慢滴加乙醇，控制滴加速度与馏出液速度大致相等（1 滴/s），维持反应温度在 135~145 ℃，约 0.5 h 滴加完毕，再继续加热约 10 min，直到温度上升到 160 ℃，去掉热源停止反应。

2. 精制

依次用 4 mL 5%氢氧化钠溶液、4 mL 饱和氯化钠溶液洗涤，最后用 4 mL 饱和氯化钙溶液洗涤两次。分出醚层，用 1 g 无水氯化钙干燥 0.5 h，待瓶内乙醚澄清时，滤入干燥的圆底烧瓶，在水浴中蒸馏，收集沸点在 33~38 ℃的馏分。

四、实验关键及注意事项

（1）分批加浓硫酸，边加边摇边冷却，防止乙醇氧化。
（2）装置要严密，反应完后要先停止加热，稍冷却后再拆下接收瓶，防止产物挥发。
（3）控制好反应温度及滴加乙醇的速度（1 滴/s）。
（4）洗涤时注意顺序，室内无明火。
（5）分净水后用无水氯化钙干燥 20~30 min。
（6）不得将氯化钙带入圆底烧瓶中蒸馏，水浴蒸馏，不得有明火。

五、思考题

（1）反应温度过高、过低或乙醇滴入速度过快有什么坏处？
（2）反应中可能产生的副产物是什么？各步洗涤的目的何在？
（3）蒸馏和使用乙醚时，应注意哪些事项？为什么？

实验五 正丁醚的制备

【实验目的】

（1）掌握醇分子间脱水制备醚的反应原理和实验方法。
（2）学习带分水器的回流反应装置的安装及使用分水器的原理。
（3）掌握根据蒸出的水的体积估计反应进行的程度的方法。
（4）巩固分液漏斗的使用方法和液体有机物的干燥方法。

【实验内容】

一、实验原理

醇分子间脱水生成醚是制备简单醚的常用方法。实验室常用的脱水剂是硫酸,酸的作用是将一分子醇的羟基转变成更好的离去基团。

这种方法通常用来从低级伯醇合成相应的简单醚,除硫酸外,还可用磷酸和离子交换树脂。由于反应是可逆的,通常采用蒸出反应产物(醚或水的方法),使反应向有利于生成醚的方向移动。同时必须严格控制反应温度,以减少副产物烯及二烷基硫酸酯的生成。

仲醇和叔醇的脱水反应,通常为单分子的亲核取代反应(S_N1),并伴有较多的消去反应。因此,用醇脱水制备醚时,最好使用伯醇,这样获得的产率较高。制备混合醚常用的方法是Williamson合成法,即用卤代烷、磺酸酯及硫酸酯与醇钠或酚钠反应制备醚的方法。这是一个双分子的亲核取代反应(S_N2)。

由于醇钠是较强的碱,在进行取代反应的同时伴随着双分子的消去反应(E2),与叔卤代烷或仲卤代烷反应时,主要生成烯烃,因此,最好使用伯卤代烷,叔卤代烷不能用于Williamson合成法中。烷基芳基醚应用酚钠与卤代烷或硫酸酯反应,一般是将酚钠和卤代烷或硫酸酯与一种碱性试剂一起加热。

在制备正丁醚时,由于原料正丁醇(沸点为117.7 ℃)和产物正丁醚(沸点为142 ℃)的沸点都较高,故可使反应在装有分水器的回流装置中进行,控制反应温度,使生成的水或水的共沸物不断蒸出,虽然蒸出的水中会夹有正丁醇等有机物,但由于它们在水中溶解度较小,相对密度又较水轻,浮于水层之上,因此借分水器可使绝大部分的正丁醇自动连续地返回反应瓶中继续反应,而水则沉于分水器的下部被移出反应体系,促使可逆反应朝有利于生成醚的方向进行。根据蒸出的水的体积,可以估计反应进行的程度。

用硫酸作为催化剂,在不同温度下正丁醇和硫酸作用生成的产物会有不同,主要是正丁醚或丁烯,因此反应需严格控制温度,避免烯烃生成。

主反应:

$$2CH_3CH_2CH_2CH_2OH \xrightleftharpoons[H_2SO_4]{135\ ℃} CH_3CH_2CH_2CH_2OCH_2CH_2CH_2CH_3 + H_2O$$

副反应:

$$CH_3CH_2CH_2CH_2OH \xrightleftharpoons[H_2SO_4]{>135\ ℃} CH_3CH_2CH=CH_2 + H_2O$$

二、实验仪器及试剂

(1)仪器:三颈烧瓶、球形冷凝管、分水器、温度计、分液漏斗、电热套。
(2)试剂:正丁醇、浓硫酸、无水氯化钙、5%氢氧化钠溶液、饱和氯化钙溶液。

三、实验步骤

如图 4-5-1 所示，在 50 mL 三颈烧瓶中，加入 15.5 mL 正丁醇、2.2 mL 浓硫酸和几粒沸石，摇匀后，一侧口装上温度计，温度计水银球应插入液面以下（距瓶底 0.5~1 cm），中间口装分水器，先在分水器内放置（V-2）mL 水，分水器的上端接球形冷凝管，另一口用塞子塞紧。然后将三颈烧瓶放在电热套上加热保持反应物微沸，进行回流分水。随着反应的进行，回流液经冷凝管收集于分水器中，分层后水层沉于分水器的下层，上层有机相积至分水器支管时，即可返回烧瓶。当三颈烧瓶内反应液温度上升至 135 ℃ 左右，分水器全部被水充满时，即可停止反应，大约需要 1.5 h。若继续加热，则反应液变黑并有较多副产物烯生成。

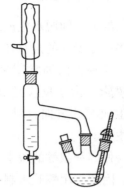

图 4-5-1　实验仪器装置

待反应液冷至室温后，倒入盛有 25 mL 水的分液漏斗中，充分振摇，静置分层后弃去下层液体，上层粗产物依次用 12 mL 水、8 mL 5%氢氧化钠溶液、8 mL 水和 8 mL 饱和氯化钙溶液洗涤，然后用适量无水氯化钙干燥。干燥后的产物滤入 25 mL 蒸馏瓶中，蒸馏收集 140~144 ℃ 馏分，产量为 3.5~4.0 g。

四、实验关键及注意事项

（1）加料时，正丁醇和浓硫酸要充分摇动混匀，如不充分摇动混匀，浓硫酸局部过浓，加热后易使反应溶液变黑。

（2）分水器中加的水量，应使共沸物能在分水器中很好地分层，有机相又能尽可能多地流回反应器。

（3）回流速度不能太快，否则分水器的支管会被堵塞，形成密闭体系，产生危险。

（4）若外界温度很低，分水器的支管应保温。

（5）制备正丁醚的较宜温度是 130~140 ℃，但开始回流时，这个温度很难达到，因为正丁醚可与水形成共沸物（共沸点为 94.1 ℃，含水 33.4%）；另外，正丁醚与水及正丁醇形成三元共沸物（共沸点为 90.6 ℃，含水 29.9%，含正丁醇 34.6%），正丁醇与水也可形成共沸物（共沸点为 93.0 ℃，含水 44.5%）。故应控制温度在 90~100 ℃ 较合适，而实际操作是在 100~115 ℃ 进行的。但随着水被蒸出，温度逐渐升高，最后达到 135 ℃ 以上，即应停止加热。如果温度升得太高，反应溶液会炭化变黑，并有大量副产物丁烯生成。

（6）含水的共沸物冷凝后，在分水器中分层。上层主要是正丁醇和正丁醚，下层主要是水。利用分水器就可以使上层有机物流回反应器中。

（7）在碱洗过程中，不宜剧烈地摇动分液漏斗，否则会严重乳化，难以分层。

五、主要试剂及产物的物理常数

主要试剂及产物的物理常数如表 4-5-1 所示。

表 4-5-1 主要试剂及产物的物理常数

名称	相对分子质量	性状	折射率	相对密度	熔点/℃	沸点/℃	溶解度/[g·(100 mL 溶剂)⁻¹]		
							水	醇	醚
正丁醇	74.12	无色液体	1.399 3	0.788 7	−89	117.7	7.92	∞	∞
正丁醚	130.23	无色液体	1.399 2	0.770 4	−95.3	142.4	不溶	∞	∞

六、思考题

（1）使用分水器的目的是什么？
（2）如何得知反应已经比较完全？
（3）如果反应温度过高，反应时间过长，可导致什么结果？
（4）制备正丁醚时，试计算理论上应分出多少体积的水。实际上往往超过理论值，为什么？
（5）反应物冷却后为什么要倒入 25 mL 水中？精制时各步的洗涤目的何在？
（6）如果最后蒸馏前的粗品中含有正丁醇，能否用分馏的方法将它除去？这样做好不好？

实验六　甲基叔丁基醚的制备

【实验目的】

（1）掌握实验室制甲基叔丁基醚的原料与方法。
（2）复习三颈烧瓶、分液漏斗等多种仪器的使用方法。
（3）巩固分馏、回流等操作步骤。

【实验内容】

一、反应原理

主反应：

$$CH_3OH+(CH_3)_3COH \xrightarrow{15\% \ H_2SO_4} (CH_3)_3COCH_3+H_2O$$

副反应：

$$(CH_3)_3COH \xrightarrow{H^+} (CH_3)_2C=CH_2+H_2O$$

二、实验仪器及试剂

（1）仪器：半微量玻璃仪器一套、温度计、烧杯、分液漏斗、电热套。
（2）试剂：甲醇、叔丁醇、硫酸、无水碳酸钠、金属钠。

三、实验步骤

在一个 50 mL 三颈烧瓶的中口装一支分馏柱，一个侧口装一支插到瓶底附近的温度计，另一个侧口用塞子塞住。分馏柱顶上装有温度计，其支管依次连接冷凝管、带支管的接引管和接收瓶。接收瓶用冰水浴冷却。

仪器装好后，在烧瓶中加入 18 mL 15%硫酸、4 mL 甲醇和 5 mL 90%叔丁醇，混合均匀。投入几粒沸石，加热。当烧瓶中温度达到 75~80 ℃ 时，产物便慢慢地被分馏出来。仔细调整加热量，使分馏柱顶的蒸气温度保持在 51 ℃ 左右，每分钟收集 0.5~0.7 mL 溜出液。当分馏柱温度明显波动时，停止分馏。全部分馏时间约 1.5 h，共收集粗产物 5 mL 左右。

将溜出液移入分液漏斗中，用水多次洗涤，每次用 2 mL 水。为了除去其中所含的醇，需要重复洗涤 4~5 次。当醇被除掉后，醚层澄清透明。分出醚层，用少量无水碳酸钠干燥。将醚转移到干燥的回流装置中，加入 0.1~0.2 g 金属钠，加热回流 0.5~1.0 h。最后将回流装置改为蒸馏装置，接收瓶用冰水浴冷却，蒸出甲基叔丁基醚，收集 54~56 ℃ 的馏分，产量约为 2 g。

纯甲基叔丁基醚为无色透明液体，沸点为 55.2 ℃。

四、思考题

（1）醚化反应时为何用 15%硫酸？用浓硫酸行不行？

（2）用金属钠回流的目的是什么？如果不进行这一步处理，而将干燥后的醚层直接蒸馏，对结果会有什么影响？

实验七　环己酮的制备

【实验目的】

（1）学习氧化法制备酮的原理和方法。

（2）掌握水蒸气蒸馏的原理和方法。

（3）进一步巩固萃取、干燥、蒸馏等基本操作。

（4）通过醇转变为酮的实验，进一步了解醇和酮之间的联系和区别。

【实验内容】

一、实验原理

酮是重要的化工原料及有机合成中常用的试剂，工业上可用相应的醇在高温（450 ℃ 左右）催化脱氢来进行制备，可用的催化剂种类很多，如锌、铬、锰、铜的氧化物以及金属银、铜等。实验室制备脂肪酮和脂环酮最常用的方法是将仲醇用铬酸氧化（铬酸是重铬酸盐与 40%~50%硫酸的混合物）。酮对氧化剂比较稳定，不易进一步遭受氧化。铬酸氧化是一个放热反应，必须严格控制反应温度以免反应过于剧烈。对不溶于水的化合物，可用铬酸在丙酮或冰醋酸中进行反应。铬酸在丙酮中的氧化速度较快，并且选择性地氧化羟基，分子中的双键通常不受影响。叔醇在通常条件下对铬酸是稳定的，在更剧烈的条件下，叔醇和酮都可能发生断链和降阶反应。醇与铬酸的反应机理一般认为是通过铬酸酯来进行的：

$$R_2CHOH + H_2CrO_4 \rightleftharpoons R_2CHOCrO_3H + H_2O$$

$$H_2\ddot{O}: + H-CR_2-O-CrO_3H \longrightarrow R_2C=O + H_2CrO_2 + H_2O$$
$$Cr(\text{IV})$$

决定速度的步骤是第二步，即从 α-碳原子除去质子形成酮的过程。氧化过程中，铬从 +6 价还原到不稳定的 +4 价状态。+4 价铬在酸性介质中发生歧化反应，产生 +6 价铬与 +3 价铬的混合物。反应产物混合物的绿色即 +3 价铬的颜色。

$$3H_2CrO_3 + 3H_2SO_4 \longrightarrow H_2CrO_4 + Cr_2(SO_4)_3 + 5H_2O$$
$$Cr(\text{VI}) \quad Cr(\text{III})$$

二元羧酸盐（钙或钡盐）加热脱羧是制备对称五元环酮和六元环酮的一种方法，随着二羧酸碳原子数目的增加环变大时，产率很快下降。

$$HO_2C(CH_2)_4CO_2H \xrightarrow[290\ ℃]{Ba(OH)_2} \text{环己酮} + CO_2 + H_2O$$

此外，Grignard 试剂与腈等羧酸衍生物的加成反应、乙酰乙酸乙酯合成等也是实验室制备酮可供选择的方法。

本实验以环己醇为原料，用铬酸氧化法制备环己酮。

$$3\ \text{环己醇} + Na_2Cr_2O_7 + 4H_2SO_4 \longrightarrow 3\ \text{环己酮} + Cr_2(SO_4)_3 + Na_2Cr_2O_7 + 7H_2O$$

二、实验仪器及试剂

（1）仪器：烧杯、温度计、蒸馏装置、分液漏斗。
（2）试剂：重铬酸钠、环己醇、浓硫酸、乙醚、氯化钠、无水碳酸钾。

三、实验步骤

在 100 mL 烧杯中，溶解 5 g 重铬酸钠于 30 mL 水中，然后在搅拌下慢慢加入 4.5 mL 浓硫酸，将所得橙红色溶液冷却至 30 ℃ 以下备用。

在 100 mL 圆底烧瓶中加入 5 mL 环己醇，然后一次加入配制好的铬酸溶液，并充分振摇使之混合均匀。放入温度计，测量初始温度，并观察温度变化情况。当温度升至 55 ℃ 时，立即用水浴冷却，控制反应温度在 55~60 ℃。约 0.5 h 后，温度开始出现下降趋势，移去水浴，在 55~60 ℃ 保温 0.5 h 以上，其间要间歇振摇反应瓶，使反应完全，反应液呈墨绿色。

在反应瓶中加入 30 mL 水和几粒沸石，改成蒸馏装置。将环己酮和水一起蒸出来，直至馏出液不再混浊后再多蒸 7~10 mL 馏出液，约收集 25 mL 馏出液。馏出液用氯化钠饱和（约需 6 g）后转入分液漏斗，静置后分出有机层。水层用 8 mL 乙醚提取一次，合并有机层和萃取液，用无水碳酸钾干燥后，滤入蒸馏瓶，蒸去乙醚后，换空气冷凝管，蒸馏收集 151~155 ℃ 的馏分，产量约 3 g。

四、实验关键及注意事项

（1）本实验是一个放热反应，必须严格控制温度。

（2）反应物不宜过于冷却，若氧化反应没有发生，不要继续加入氧化剂，以免积累未反应的铬酸。当铬酸达到一定浓度时，氧化反应会进行得非常剧烈，有失控的危险。

（3）反应完全后反应液呈墨绿色，如果反应液不能完全变成墨绿色，则应加入少量草酸或甲醇以还原过量的氧化剂。

（4）环己酮在 31 ℃ 溶解度为 2.4 g/100 mL 水中。加入氯化钠的目的是降低环己酮在水中的溶解度，增加水相密度，有利于分层。

（5）本实验使用乙醚作萃取剂，故在操作时应特别小心，以免出现意外。

（6）加水蒸馏时，这步蒸馏操作实质上是一种简化的水蒸气蒸馏。环己酮和水形成共沸混合物，共沸点为 95 ℃，含环己酮 38.4%。水的馏出量不宜过多，否则即使使用盐析，仍不可避免有少量环己酮溶于水中而损失。

五、主要试剂及产物的物理常数

主要试剂及产物的物理常数如表 4-7-1 所示。

表 4-7-1　主要试剂及产物的物理常数

名称	相对分子质量	性状	折射率	相对密度	熔点/℃	沸点/℃	溶解度/[g·(100 mL 溶剂)$^{-1}$]		
							水	醇	醚
环己醇	100.16	无色液体或晶体	1.461 0	0.962 4	25.2	161	3.5（20 ℃）	可溶	可溶
环己酮	98	无色液体	1.372 2	0.905 0	−84	155.7	8.6	∞	∞

六、思考题

（1）反应温度为什么要控制在 55~60 ℃？温度过高或过低有什么影响？

（2）环己醇用铬酸氧化和用高锰酸钾氧化有什么不同？

（3）氧化反应结束后，为什么要向反应物中加入甲醇或草酸？如果不加有什么影响？

实验八　己二酸的制备

【实验目的】

（1）了解用环己醇氧化制备己二酸的基本原理和方法。

（2）掌握搅拌、滴加、控温反应的基本操作。

（3）复习浓缩、过滤、重结晶等基本操作。

第4章 制备实验

【实验内容】

一、实验原理

氧化反应是制备羧酸的基本常用方法，仲醇氧化得到酮，酮不能被弱氧化剂所氧化，但遇强氧化剂，如硝酸或高锰酸钾，则被氧化，制备脂肪族羧酸可用伯醇或者醛为原料，用高锰酸钾氧化。高锰酸钾氧化环己醇，这时碳链断裂得到己二酸。己二酸是合成尼龙-66 的原料。

$$3\ C_6H_{11}OH + 8KMnO_4 + H_2O \longrightarrow 3HOOC(CH_2)_4COOH + 8MnO_2 + 8KOH$$

羧酸的制备，环己酮是对称酮，在碱作用下只能得到一种烯醇负离子，氧化生成单一化合物，若为不对称酮，就会产生两种烯醇负离子，每一种烯醇负离子氧化得到的产物不同，合成意义不大。

二、实验仪器及试剂

仪器：烧杯、温度计、电热套、抽滤装置一套。

试剂：环己醇、高锰酸钾、10%氢氧化钠溶液、浓盐酸、活性炭、硫酸氢钠（备用）。

三、实验步骤

实验步骤如表 4-8-1 所示。

表 4-8-1　实验步骤

序号	步骤	现象	注解
1	在 300 mL 烧杯中加入 5 mL 10%氢氧化钠溶液、8.5 g 研细的高锰酸钾粉末、50 mL 水，搅拌，溶解，插入温度计，在水浴中加热到 40 ℃，滴加 2.1 mL 环己醇并搅拌，控制滴加速度，每秒 3~4 滴，温度在 40~50 ℃	得到紫红色的溶液；加热过程中由紫色变为土褐色	加氢氧化钠是为了在碱性条件下，最终得到的是二氧化锰（Mn^{4+}），容易除去。控制滴加速度是为了防止温度过高使碳键大部分断裂
2	滴加完后继续搅拌 2 min，在电热套上小火加热 5 min 左右	溶液微沸，颜色为褐色，有沉淀	沉淀是二氧化锰
3	用玻璃棒蘸一滴反应混合物点到滤纸上做点滴实验	滤纸上有棕色的一点及一个圆形水环，水环上无紫色	证明反应完全（如果出现紫色的环，可加少量固体亚硫酸氢钠直到点滴实验呈负性）
4	趁热抽滤混合物，并用少量热水洗涤抽滤瓶 3 次，滤液转入 150 mL 干净的烧杯中，加 4 mL 浓盐酸酸化，浓缩至 20 mL 左右	烧杯内壁有很多白色粉末	加浓盐酸使溶液酸化，有利于己二酸的析出
5	冷却、结晶、抽滤、干燥、称重	得到白色粉末	由于冷却时，把内壁上的粉末用玻璃棒洗到溶液中，且是骤冷，故无晶形
6	拆洗仪器	放回原位	—

注意：

①此反应属于强烈放热反应，要控制好滴加速度和搅拌速度，以免反应过剧，引起飞溅或爆炸。同时，不要在烧杯上口观察反应情况。

②反应温度不可过高，否则反应就难以控制，易引起混合物冲出反应器。

③二氧化锰胶体受热后产生胶凝作用而沉淀下来，便于过滤分离。

四、实验关键及注意事项

（1）本实验的成败关键是环己醇的滴加速度和对反应温度的控制。
（2）高锰酸钾要研细，以利于高锰酸钾充分反应。
（3）环己醇要逐滴加入，滴加速度不可太快。否则，因反应强烈放热，使温度急剧升高而难以控制。
（4）严格控制反应温度，稳定在40~50 ℃。
（5）反应终点的判断：
①反应温度降至43 ℃以下。
②用玻璃棒蘸一滴混合物点在平铺的滤纸上，若无紫色存在表明已没有高锰酸钾。
（6）用热水洗涤MnO_2滤饼时，每次加水量为5~10 mL，不可太多。
（7）用浓盐酸酸化时，要慢慢滴加，酸化至pH=1~3。
（8）浓缩蒸发时，加热不要过猛，以防液体外溅。浓缩至20 mL左右后停止加热，让其自然冷却、结晶。

五、主要试剂及产物的物理常数

主要试剂及产物的物理常数如表4-8-2所示。

表4-8-2　主要试剂及产物的物理常数

名称	相对分子质量	性状	相对密度	熔点/℃	沸点/℃	折射率	溶解度/[g·(100 mL 溶剂)$^{-1}$]		
							水	乙醇	乙醚
环己醇	100.16	液体或晶体	0.962 4	25.2	161	1.461	3.5 (20 ℃)	可溶	可溶
己二酸	146.14	单斜晶棱柱体	1.360 0	151~153	265 (100 mmHg)	—	100 (100 ℃)	易溶	0.6 (15 ℃)

六、思考题

（1）本实验中为什么必须控制反应温度和环己醇的滴加速度？
（2）为什么有些实验在加入最后一个反应物前应预先加热（本实验中先预热到40 ℃）？为什么一些反应剧烈的实验，开始时的加料速度放得较慢，等反应开始后反而可以适当加快加料速度？

实验九　乙酸乙酯的制备

【实验目的】

（1）熟悉和掌握酯化反应的基本原理和乙酸乙酯的制备方法。

（2）掌握回流、蒸馏和分液漏斗的操作。
（3）掌握液体有机化合物的精制方法（分馏）。

【实验内容】

一、实验原理

乙酸乙酯的合成方法有很多，例如，可由乙酸或其衍生物与乙醇反应制取，也可由乙酸钠与卤乙烷反应来合成等，其中最常用的方法是在酸催化下由乙酸和乙醇直接酯化。在少量酸催化下，羧酸和醇反应生成酯，这个反应叫作酯化反应（Esterification）。该反应通过加成-消去过程，质子活化的羰基被亲核的醇进攻发生加成，在酸作用下脱水成酯，常用浓硫酸、氯化氢、对甲苯磺酸或强酸性阳离子交换树脂等作催化剂。若用浓硫酸作催化剂，其用量是醇的 0.3% 即可。酯化反应为可逆反应，提高产率的措施为：一方面采用过量的反应试剂（根据反应物的价格，过量酸或过量醇）；另一方面可以加入与水恒沸的物质不断从反应体系中带出水移动平衡（即减小产物的浓度）。在实验室中也可以采用分水器来完成。

酯化反应的可能历程为

$$R-\underset{OH}{\underset{|}{C}}=O \underset{}{\overset{H^+}{\rightleftharpoons}} R-\underset{OH}{\underset{|}{\overset{+}{C}}}-OH \overset{R'OH}{\rightleftharpoons} R-\underset{H-OR'}{\underset{|}{\overset{OH}{C}-OH}} \overset{-H^+}{\rightleftharpoons} R-\underset{OR'}{\underset{|}{\overset{OH}{C}-OH}}$$

$$R-\underset{OR'}{\underset{|}{\overset{OH}{C}-OH}} \overset{H^+}{\rightleftharpoons} R-\underset{OR'}{\underset{|}{\overset{OH}{C}-\overset{+}{O}H_2}} \overset{-H_2O}{\rightleftharpoons} R-\underset{}{\overset{\overset{+}{OH}}{C}=OR'} \overset{-H^+}{\rightleftharpoons} R-\underset{}{\overset{O}{C}-OR'}$$

本实验是利用冰醋酸和乙醇反应，得到乙酸乙酯。反应式如下：

$$CH_3COOH + CH_3CH_2OH \underset{110\sim 120\ ℃}{\overset{H_2SO_4}{\rightleftharpoons}} CH_3COOC_2H_5 + H_2O$$

二、实验仪器及试剂

（1）仪器：恒压滴液漏斗、圆底烧瓶、温度计、刺形分馏柱、蒸馏头、直形冷凝管、尾接管和锥形瓶。
（2）试剂：冰醋酸、95%乙醇、浓硫酸、饱和碳酸钠溶液、饱和氯化钠溶液、饱和氯化钙溶液、无水碳酸钾。

三、实验步骤

1. 回流

在 50 mL 的圆底烧瓶中加入 7 mL 冰醋酸和 12 mL 95%乙醇，混合后再慢慢滴加 4 mL 浓硫酸，混合回流 30 min。

2. 蒸馏

回流 0.5 h 后，改为沸水浴蒸馏，蒸出粗乙酸乙酯。

3. 洗涤

将馏出液先用饱和碳酸钠溶液去除馏出液中的酸，直到无二氧化碳气体逸出；之后在分液漏斗中依次用等体积的饱和氯化钠溶液（洗涤碳酸钠溶液）、饱和氯化钙溶液（洗涤醇，氯化钙可与醇生成络合物）洗涤馏出液，最后将上层的乙酸乙酯倒入干燥的小锥形瓶中。

4. 干燥

酯层加入无水碳酸钾干燥 30 min。

5. 精制

在水浴上蒸馏收集 73~80 ℃ 馏分。

注意：

① 由于乙酸乙酯可以与水、乙醇形成二元、三元共沸物，因此在馏出液中还有水、乙醇。

② 在此用饱和溶液的目的是降低乙酸乙酯在水中的溶解度。

③ 蒸馏：将干燥好的粗乙酸乙酯转移至 50 mL 的单颈烧瓶中，水浴加热，常压蒸馏，收集 73~80 ℃ 馏分。称重并计算产率。

四、实验关键及注意事项

（1）控制反应温度在 120~125 ℃，温度过高会增加副产物乙醚的含量。

（2）控制浓硫酸滴加速度，太快，则会因局部放出大量的热量而引起暴沸。

（3）洗涤时注意放气，有机层用饱和氯化钠洗涤后，尽量将水相分干净。

（4）干燥后的粗产品进行蒸馏时，收集 73~80 ℃ 馏分。

五、主要试剂及产物的物理常数

主要试剂及产物的物理常数如表 4-9-1 所示。

表 4-9-1 主要试剂及产物的物理常数

名称	相对分子质量	性状	折射率	相对密度	熔点/℃	沸点/℃	溶解度/[g·(100 mL 溶剂)$^{-1}$]		
							水	醇	醚
冰醋酸	60.05	无色液体	1.369 8	1.049	16.6	118.1	∞	∞	∞
乙醇	46.07	无色液体	1.361 4	0.789	-117.3	78.5	∞	∞	∞
乙酸乙酯	88.10	无色液体	1.372 2	0.905	-84	77.15	8.6	∞	∞

六、思考题

（1）酯化反应有什么特点？本实验如何创造条件使酯化反应尽量向生成物方向进行？

(2) 本实验可能有哪些副反应？
(3) 采用醋酸过量是否可以？为什么？

实验十 苯甲酸乙酯的制备

【实验目的】

(1) 学习苯甲酸乙酯的合成方法和原理。
(2) 掌握减压蒸馏操作。
(3) 掌握分水器的使用。

【实验内容】

一、实验原理

羧酸酯是一类在工业和商业上用途广泛的化合物，可由羧酸和醇在催化剂存在下直接酯化来进行制备，或采用酰氯、酸酐和腈的醇解，有时也可利用羧酸盐与卤代烷或硫酸酯的反应。酸催化的直接酯化是工业和实验室制备羧酸酯最重要的方法，常用的催化剂有硫酸、氯化氢和对甲苯磺酸等。

反应式：

反应机理：

实验装置如图 4-10-1 所示。

图 4-10-1　实验装置

二、实验仪器及试剂

（1）仪器：三颈烧瓶、温度计、球形冷凝管、分水器、蒸馏头、电热套、直形冷凝管、空气冷凝管、接引管和锥形瓶。

（2）试剂：苯甲酸、无水乙醇、苯、浓硫酸、碳酸钠、饱和食盐水、无水氯化钙、甲基叔丁基醚。

三、实验步骤

（1）反应。在 100 mL 三颈烧瓶中加入 8 g 苯甲酸、20 mL 无水乙醇、15 mL 苯和 3 mL 浓硫酸，摇匀后加入几粒沸石，再装上分水器，从分水器上端小心加水至分水器支管处，然后再放去约 1.2 mL 的水，分水器上端接回流冷凝管。

（2）回流。将烧瓶在水浴上加热回流，开始时回流速度要慢，随着回流的进行，分水器中出现了上、中、下三层液体，上层主要成分为苯，中层为共沸物，下层为水层，且中层越来越多，约 2 h 后，分水器中的中层液体已达 5~6 mL，即可停止加热。放出中、下层液体并记下体积。继续用水浴加热，使多余的乙醇和苯蒸气至分水器中（当充满时可由活塞放出，注意放时应移去火源）。

（3）将烧瓶中的残液倒入盛有 60 mL 冷水的烧杯中，在搅拌下分批加入碳酸钠粉末，直到无二氧化碳气体产生，用 pH 试纸检验呈中性。

（4）倒入分液漏斗中分出粗产物（上层），水在下层。再用 10 mL 甲基叔丁基醚萃取水层，合并有机相，用无水氯化钙干燥。

（5）纯化。先用水浴蒸出甲基叔丁基醚（50~60 ℃）；后改用电热套加热空气冷凝管冷凝，收集 211~213 ℃ 的馏分。

四、实验关键及注意事项

（1）根据理论计算，带出的总水量约 2 g。因本反应是借共沸蒸馏带走反应中生成的水，共沸物下层的总体积约为 6 mL。

（2）下层为原来加入的水，由反应瓶中蒸出的馏液为三元共沸物（沸点为 64.6 ℃，含苯 74.1%、乙醇 18.5%、水 7.4%）。它从冷凝管流入分水器后分为两层，上层占 84%（含苯 86.0%、乙醇 12.5%、水 1.3%），下层占 16%（含苯 4.8%、乙醇 52.1%、水 43.1%），此下层即分水器中的中层液体。

（3）加碳酸钠的目的是除去硫酸及未反应的苯甲酸，要研细后分批加入，否则会产生大量泡沫而使液体溢出。

（4）若粗产物中含有絮状物难以分层，则可直接用 25 mL 甲基叔丁基醚萃取。

（5）可用盐酸小心酸化用碳酸钠处理后分出的水溶液，至溶液对 pH 试纸呈酸性，抽滤，析出的苯甲酸沉淀，并用少量冷水洗涤后干燥。

五、主要试剂及产物的物理常数

主要试剂及产物的物理常数如表 4-10-1 所示。

表 4-10-1　主要试剂及产物的物理常数

名称	相对分子质量	性状	折射率	相对密度	熔点/℃	沸点/℃	溶解度/[g·(100 mL 溶剂)$^{-1}$]		
							水	醇	醚
苯甲酸	122.13	无色液体	1.504 0	1.270	121.7	249.2	微	∞	∞
乙醇	46.07	无色液体	1.361 4	0.789	−117.3	78.5	∞	∞	∞
苯甲酸乙酯	150.17	无色液体	1.505 2	1.050	−34.6	212.6	微	∞	∞

六、思考题

（1）本实验采用何种措施提高酯的产率？
（2）为什么采用分水器除水？
（3）何种原料过量？为什么？为什么要加入苯？
（4）浓硫酸的作用是什么？常用酯化反应的催化剂有哪些？
（5）为什么用水浴加热回流？
（6）在萃取和分液时，两相之间有时出现絮状物或乳浊液，难以分层，应如何解决？

实验十一　乙酸正丁酯的制备

【实验目的】

（1）巩固酯化反应的原理，掌握乙酸正丁酯的制备方法。
（2）掌握回流分水、液体洗涤及干燥的基本操作。
（3）掌握共沸蒸馏分水法的原理和分水器（油水分离器）的使用。

【实验内容】

一、实验原理

乙酸正丁酯是优良的有机溶剂,广泛用于硝化纤维清漆中,在人造革、织物及塑料加工过程中用作溶剂,也用于香料工业等。用酸与醇反应制备乙酸正丁酯,实验室中有三种方法。第一种是共沸蒸馏分水法,生成的酯和水以共沸物的形式蒸出来,冷凝后通过分水器分出水,油层回到反应器中。第二种是提取酯化法,加入溶剂,使反应物、生成的酯溶于溶剂中,和水层分开。第三种是直接回流法,一种反应物过量,直接回流。制备乙酸正丁酯用共沸蒸馏分水法较好,为了将反应物中生成的水除去,利用酯、酸和水形成二元或三元恒沸物,采取共沸蒸馏分水法。使生成的酯和水以共沸物形式逸出,冷凝后通过分水器分出水层,油层则回到反应器中。其反应方程式如下:

$$CH_3COOH + n\text{-}C_4H_9OH \rightleftharpoons CH_3\overset{O}{\overset{\|}{C}}\text{—}OC_4H_9\text{-}n + H_2O$$

二、实验仪器及试剂

(1) 仪器:圆底烧瓶、球形冷凝管、分水器、分液漏斗、锥形瓶、直形冷凝管、接引管。

(2) 试剂:正丁醇、冰醋酸、浓硫酸、10%碳酸钠溶液、无水硫酸镁。

三、实验步骤

1. 反应

在 50 mL 圆底烧瓶中,加入 11.5 mL (0.125 mol) 正丁醇、7.2 mL 冰醋酸(0.125 mol)和 3~4 滴浓硫酸(催化反应),混匀,加 2 粒沸石。接上球形冷凝管和分水器。在分水器中预先加少量水至略低于支管口(为 1~2 cm),目的是使上层酯中的醇回流到圆底烧瓶中继续参与反应,用笔做记号并加热至回流,不需要控制温度,控制回流速度 1~2 滴/s。反应一段时间后,把水分出并保持分水器中水层液面在原来的高度。大约 40 min 后,不再有水生成(即液面不再上升),即表示完成反应。停止加热,记录分出的水量。

2. 纯化

将分水器分出的酯层和反应液一起倒入分液漏斗中,用 10 mL 水洗涤,并除去下层水层(除去乙酸及少量的正丁醇);有机相继续用 10 mL 10%碳酸钠溶液洗涤至中性(除去硫酸);上层有机相再用 10 mL 的水洗涤除去溶于酯中的少量无机盐,最后将有机层倒入小锥形瓶中,用无水硫酸镁干燥。蒸馏:将干燥后的乙酸正丁酯滤入 50 mL 圆底烧瓶中,常压蒸馏,收集 124~126 ℃ 的馏分。计算产率。

注意:

(1) 回流分水反应装置,及时分出反应生成的水,缩短了整个实验时间。本实验体系中有正丁醇-水共沸物,共沸点为 93 ℃;乙酸正丁酯-水共沸物,共沸点为 90.7 ℃。在反应进行的不同阶段,利用不同的共沸物可把水带出体系,经冷凝分出水后,醇、酯再回到反应体系。为了使醇能及时回到反应体系中参加反应，在反应开始前，在分水器中应先加入计量过的水，使水面稍低于分水器回流支管的下沿，当有回流冷凝液时，水面上仅有很浅一层油层存在。在操作过程中，不断放出生成的水，保持油层厚度不变。或在分水器中预先加水至支管口，放出反应所生成理论量的水（用小量筒量）。洗涤操作时，正溴丁烷有时在上层，有时在下层。

（2）洗涤操作（分液漏斗的使用）：

①洗涤前首先检查分液漏斗旋塞的严密性。

②洗涤时要做到充分轻振荡，切忌用力过猛和振荡时间过长，否则将形成乳浊液，难以分层，给分离带来困难。一旦形成乳浊液，可加入少量食盐等电解质或水，使之分层。

③振荡后，注意及时打开旋塞，放出气体，以使内外压力平衡。放气时要使分液漏斗的尾管朝上，切忌尾管朝人。

④振荡结束后，静置分层；分离液层时，下层经旋塞放出，上层从上口倒出。

（3）蒸馏，所用的仪器是干燥的，使乙酸正丁酯充分干燥，从而提高产品质量。

四、实验关键及注意事项

（1）冰醋酸在低温时凝结成冰状固体（熔点为 16.6 ℃）。取用时可温水浴加热，使其熔化后量取。注意不要触及皮肤，防止烫伤。

（2）在加入反应物之前，仪器必须干燥。

（3）浓硫酸起催化剂作用，只需少量即可。也可用固体超强酸作催化剂。

（4）当酯化反应进行到一定程度时，可连续蒸出乙酸正丁酯、正丁醇和水的三元共沸物（共沸点为 90.7 ℃），其回流液组成为：上层分别为 86%、11%、3%，下层分别为 19%、2%、97%。故分水时也不要分去太多的水，而以能让上层液溢流回圆底烧瓶继续反应为宜。

（5）本实验中不能用无水氯化钙为干燥剂，因为它与产品能形成络合物而影响产率。

（6）根据分出的总水量（注意减去预先加到分水器的水量），可以粗略地估计酯化反应完成的程度。

（7）产物的纯度也可用折射率的测定方法进行检测。

五、主要试剂及产物的物理常数

主要试剂及产物的物理常数如表 4-11-1 所示。

表 4-11-1 主要试剂及产物的物理常数

名称	相对分子质量	性状	折射率	相对密度	熔点/℃	沸点/℃	溶解度/[g·(100 mL 溶剂)$^{-1}$]		
							水	醇	醚
冰醋酸	60.05	无色液体	1.369 8	1.049 2	16.6	118.1	∞	∞	∞
正丁醇	74.12	无色液体	1.399 3	0.809 8	−80	117.7	∞	∞	∞
乙酸正丁酯	116.16	无色液体	1.394 1	0.882 5	−77.9	126.5	0.7	∞	∞

六、思考题

(1) 本实验是根据什么原理来提高乙酸正丁酯的产率的？
(2) 计算反应完全时应分出多少水？
(3) 什么叫酯化反应？本实验如何提高乙酸正丁酯的产率？
(4) 本次实验中如何提纯乙酸正丁酯？
(5) 在加入反应物之前，仪器必须干燥，为什么？

实验十二　苯乙酮的制备

【实验目的】

(1) 掌握搅拌器的使用方法。
(2) 进一步熟练蒸馏和液体的干燥、萃取等操作。
(3) 通过制备苯乙酮学习傅–克酰基化反应。
(4) 掌握有机合成的无水操作。

【实验内容】

一、实验原理

Friedel-Crafts 酰基化反应（简称傅–克酰基化反应）是制备芳酮的重要方法之一。酰氯、酸酐是常用的酰基化试剂，无水 $FeCl_3$、BF_3、$ZnCl_2$ 和 $AlCl_3$ 等路易斯酸作催化剂，分子内的酰基化反应还可以用多聚磷酸（PPA）作催化剂，酰基化反应常用过量的芳烃、二硫化碳、硝基苯、二氯甲烷等作为反应的溶剂。

用苯和乙酐制备苯乙酮的反应方程式如下：

$$C_6H_6 + (CH_3CO)_2O \xrightarrow{AlCl_3} C_6H_5COCH_3 + CH_3COOH$$

反应历程为

$$RCOCl + AlCl_3 \rightleftharpoons [RCO]^+[AlCl_4]^- \rightleftharpoons \overset{+}{RCO} + [AlCl_4]^-$$

$$C_6H_6 + \overset{+}{RCO} \longrightarrow \text{[中间体]} \longrightarrow C_6H_5COR + H^+$$

$$[AlCl_4]^- + H^+ \longrightarrow AlCl_3 + HCl$$

二、实验仪器及试剂

(1) 仪器：三颈烧瓶、球形冷凝管、温度计、滴液漏斗、分液漏斗、长颈漏斗、蒸馏头、干燥管、直形冷凝管、空气冷凝管、接引管和锥形瓶。

（2）试剂：乙酸酐、无水氯化铝、浓盐酸、5%氢氧化钠溶液、无水硫酸镁、苯。

三、实验步骤

1. 反应

在 50 mL 三颈烧瓶中，分别装置球形冷凝管和滴液漏斗，在球形冷凝管出口处接干燥管，干燥管的另一端连接气体吸收装置。迅速称取 10 g 无水氯化铝放入烧瓶中，再加入 15 mL 苯。在滴液漏斗中放入 3 mL 乙酸酐与 5 mL 苯，摇匀。在搅拌下慢慢滴加乙酸酐的苯溶液，反应即刻发生，并放出盐酸气体，氯化铝逐渐溶解，反应混合物的温度逐渐升高。应控制滴加速度，使苯缓缓地回流。滴加时间为 20 min。加完乙酸酐后，关闭滴液漏斗旋塞，在石棉网上用小火加热，保持缓缓回流 30 min。

2. 纯化

待反应物冷却后，在通风橱内把反应物慢慢地倒入盛有 25 g 碎冰的烧杯中，同时不断搅拌，然后加入 25 mL 浓盐酸，使析出的氢氧化铝沉淀溶解。如果仍有固体存在，再适当添加一些盐酸。

将烧杯内的反应混合物转移至分液漏斗中，静置分层后，分出下面水层。在另一个分液漏斗中，对分出的水层用 8 mL 苯分两次萃取，将萃取液与第一次得到的苯合并，用 10 mL 5%氢氧化钠溶液洗涤，然后再用水洗涤至中性，分去水层。将苯层由分液漏斗上口倒入一干燥的锥形瓶中，加入 1~2 g 无水硫酸镁干燥 1~2 h 以上。

安装蒸馏装置，接引管支管处连接长橡皮管通入下水道或引出室外。将干燥好的苯溶液通过长颈漏斗由蒸馏头上口倾入烧瓶中，加几粒沸石，装好温度计。用沸水加热蒸馏，至没有苯馏出液为止。停止加热。稍冷后换上空气冷凝管，并更换已知质量的接收瓶，改用石棉网加热，继续蒸馏，收集 195~202 ℃馏分。称取产品质量，计算产率。前期蒸出的苯经测量体积后回收。

具体操作流程如图 4-12-1 所示。

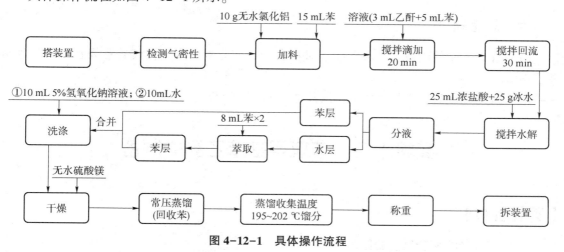

图 4-12-1　具体操作流程

注意：

（1）本实验所用仪器和试剂均需充分干燥，否则影响反应顺利进行，装置中凡是和空气相通的部位应装置干燥管。

（2）由于最终产物不多，宜选用较小的蒸馏瓶，本溶液可用分液漏斗分批加入蒸馏瓶中。

四、实验关键及注意事项

（1）无水氯化铝的质量是本实验成败的关键，以白色粉末，打开盖冒大量的烟、无结块现象为好。

（2）滴加苯乙酮和乙酐混合物的时间以 10 min 为宜，滴得太快温度不易控制。

（3）苯以分析纯为佳，最好用钠丝干燥 24 h 以上再用。

（4）粗产物中的少量水，在蒸馏时与苯以共沸物形式蒸出，其共沸点为 69.4 ℃，这是液体化合物的干燥方法之一。

五、主要试剂及产物的物理常数

主要试剂及产物的物理常数如表 4-12-1 所示。

表 4-12-1 主要试剂及产物的物理常数

名称	相对分子质量	性状	折射率	相对密度	熔点/℃	沸点/℃	溶解度/[g·(100 mL 溶剂)$^{-1}$]		
							水	醇	醚
苯	78.11	无色液体	1.501 1	0.878 6	5.5	80.1	0.18	∞	∞
乙酸酐	102.09	无色液体	1.390 4	1.080 0	−73.1	138.6	—	∞	∞
苯乙酮	120.10	无色透明油状液体	1.537 2	1.028 1	20.5	202.0	∞	∞	∞

六、思考题

（1）在苯乙酮的制备中，水和潮气对本实验有何影响？在仪器装置和操作中应注意哪些事项？

（2）反应完成后，为什么要加入浓盐酸和冰水的混合液？

实验十三　苯亚甲基苯乙酮的制备

【实验目的】

（1）掌握羟醛缩合反应的原理。

（2）掌握机械搅拌器、恒压滴液漏斗的使用。

【实验内容】

一、实验原理

实验原理如下:

二、实验仪器及试剂

(1) 仪器:搅拌器、三颈烧瓶、温度计、恒压滴液漏斗、布氏漏斗、抽滤瓶。
(2) 试剂:10%氢氧化钠水溶液、苯乙酮、苯甲醛、95%乙醇、石蕊试纸。

三、实验步骤

1. 反应

在装有搅拌器、温度计、球形冷凝管及恒压滴液漏斗的三颈烧瓶中,加入 25 mL 10%氢氧化钠水溶液、15 mL 95%乙醇及 6 mL 苯乙酮,水浴加热到 20 ℃,滴加 9.2 g 苯甲醛,控制滴加速度,维持反应温度在 20~25 ℃。加完后继续在该温度下搅拌反应 0.5 h,加入少量的苯亚甲基苯乙酮作晶种,室温下继续搅拌 1.5 h,即有固体析出。反应结束后将三颈烧瓶置于冰水浴中冷却 15~30 min,使结晶完全。

2. 纯化

过滤,水洗滤饼至洗涤液呈中性,抽干得产品。用 95%乙醇重结晶,得浅黄色针状晶体,熔点为 55~56 ℃。

四、实验关键及注意事项

(1) 稀碱最好新配(浓度要够)。
(2) 一定要按顺序加入试剂,因为可抑制反应发生过快。
(3) 控制好温度,反应温度以 20~25 ℃ 为宜。温度过高,副产物多;温度过低,产物发黏,不易过滤和洗涤。
(4) 洗涤要充分,转移至烧杯中进行。
(5) 一般在室温下搅拌 1 h 即可析出结晶,为了使结晶较快析出,最好加入事先制好的晶种。
(6) 某些人皮肤对产物过敏,注意尽量不与皮肤接触。

五、主要试剂及产物的物理常数

主要试剂及产物的物理常数如表 4-13-1 所示。

表 4-13-1　主要试剂及产物的物理常数

名称	相对分子质量	性状	折射率	相对密度	熔点/℃	沸点/℃	溶解度/[g·(100 mL 溶剂)$^{-1}$]		
							水	醇	醚
苯乙酮	120.15	无色液体	1.537 2	1.028 0	20.5	202.6	微	∞	∞
苯甲醛	106.12	无色液体	1.544 0	1.041 5	−26	178	微	∞	∞
苯亚甲基苯乙酮	208.26	浅黄色针状晶体	1.645 8	1.017 2	57	345	微	微	∞

六、思考题

（1）本反应中若将稀碱换成浓碱可以吗？为什么？

（2）先加苯甲醛，后加苯乙酮可以吗？为什么？

（3）用水洗的目的是什么？

实验十四　苯甲醛的制备

【实验目的】

（1）了解苯甲醛的合成方法。

（2）熟悉回流装置的使用和减压蒸馏的操作方法。

【实验内容】

一、实验原理

实验原理如下：

$$\text{PhCH}_2\text{OH} + \text{H}_2\text{O}_2 \xrightarrow[90\ ℃]{\text{NaWO}_4 \cdot 2\text{H}_2\text{O},\ (\text{C}_4\text{H}_9)_4\text{NHSO}_4} \text{PhCHO} + 2\text{H}_2\text{O}$$

二、实验仪器及试剂

（1）仪器：半微量玻璃仪器一套。

（2）试剂：苯甲醇、过氧化氢、钨酸钠（$Na_2WO_4 \cdot 2H_2O$）、硫酸氢四丁基铵、甲基叔丁基醚、饱和硫代硫酸钠溶液、无水硫酸镁。

三、实验步骤

在 50 mL 圆底烧瓶中，依次加入硫酸氢四丁基铵 0.2 g、带二分子结晶水的钨酸钠 0.2 g、30%的过氧化氢溶液 7.5 mL 和水 10 mL，安装回流反应装置。搅拌 5 min 后，加入苯甲醇 6.5 g，进行水浴加热，在 90 ℃搅拌反应 3 h。冷却，分出水层和油层，水相用 10 mL 甲基叔丁基醚萃取两次，合并有机相，用 10 mL 饱和硫代硫酸钠溶液洗涤，用无水硫酸镁干燥。常压蒸馏回收甲基叔丁基醚，减压蒸馏收集 59~61 ℃/1.33 kPa（10 mmHg）馏分。产量约为 5.0 g。

纯苯甲醛为无色透明液体，沸点为 178 ℃，n_D^{22} = 1.546 3。

四、思考题

（1）本实验还可以用什么相转移催化剂？

（2）未转化的苯甲醇是怎样除去的？

实验十五　正丁醛的制备

【实验目的】

掌握醇氧化制备醛的方法。

【实验内容】

一、实验原理

醛是重要的化工原料及有机合成中常用的试剂。工业上可用相应的醇在高温（450 ℃左右）催化脱氢来进行制备，可用的催化剂种类很多，如锌、铬、锰、铜的氧化物以及金属银、铜等。

实验室制备脂肪醛最常用的方法是将伯醇用铬酸氧化（铬酸是重铬酸盐与 40%~50%硫酸的混合物）。制备分子质量低的醛，可以将铬酸滴加到热的酸性醇溶液中，以防止反应混合物中有过量的氧化剂存在，并采用将沸点较低的醛不断蒸出的方法，可以达到中等的产率。尽管如此，仍有部分醛被进一步氧化成羧酸，并生成少量的酯。反应式如下：

$$Na_2Cr_2O_7 + H_2SO_4 \longrightarrow NaHSO_4 + H_2Cr_2O_7 \xrightarrow{H_2O} 2H_2CrO_4$$

$$RCH_2OH + 2H_2CrO_4 + 3H_2SO_4 \longrightarrow 3RCHO + Cr_2(SO_4)_3 + 8H_2O$$

$$RCHO + 2H_2CrO_4 + 3H_2SO_4 \longrightarrow 3RCOOH + Cr_2(SO_4)_3 + 8H_2O$$

$$RCHO \underset{H^+}{\overset{R_1CH_2OH}{\rightleftharpoons}} \overset{OH}{\underset{}{RCHOCH_2R_1}} \xrightarrow{2H_2CrO_4} \overset{O}{\underset{}{RCOCH_2R_1}}$$

显然，酯的生成是醛与未反应的醇生成半缩醛，后者进一步氧化的结果。利用铬酸酐（CrO_3）在无水条件下操作，反应可停留在醛的阶段。例如，利用三氧化铬-吡啶络合物（$CrO_3·2C_5H_5N$）在二氯甲烷中室温下反应 1 h，可将 1-辛醇以 95%的产率转化为辛醛，这是一个制备沸点较高的醛的良好试剂。

醇与铬酸的反应机理一般认为是通过铬酸酯来进行的：

$$RCH_2OH + H_2CrO_4 \rightleftharpoons RCH_2OCr_3OH + H_2O$$

$$H_2O + H-CHR\ \ \ \overset{}{\underset{O-CrO_3H}{}} \longrightarrow RCHO + H_2CrO_3 + H_2O$$

决定速度的步骤是第二步，即从 α-碳原子除去质子形成酮的过程。氧化过程中，铬从 +6 价还原到不稳定的 +4 价状态。+4 价铬在酸性介质中发生歧化反应，产生 +6 价铬与 +3 价铬的混合物。反应产物混合物的绿色即 +3 价铬的颜色。

$$3H_2CrO_3 + 3H_2SO_4 \longrightarrow 2H_2CrO_4 + Cr_2(SO_4)_3 + 5H_2O$$

制备正丁醛的主反应：

$$CH_3(CH_2)_3OH \xrightarrow[H_2SO_4]{Na_2Cr_2O_7} CH_3(CH_2)_2CHO + H_2O$$

副反应：

$$CH_3(CH_2)_2CH_2OH + CH_3(CH_2)_2CH_2OH \xrightarrow[H_2SO_4]{Na_2Cr_2O_7} CH_3(CH_2)_3O(CH_2)_3CH_3$$

二、实验仪器及试剂

（1）仪器：滴液漏斗、三颈烧瓶、温度计、刺形分馏柱、直形冷凝管、接引管、锥形瓶、电热套。

（2）试剂：正丁醇、重铬酸钠（$Na_2Cr_2O_7 \cdot 2H_2O$）、浓硫酸、无水硫酸镁或无水硫酸钠。

三、实验步骤

在 100 mL 烧杯中，溶解 8 g 重铬酸钠于 41 mL 水中。在仔细搅拌和冷却下，缓缓加入 6 mL 浓硫酸。将配制好的氧化剂溶液倒入滴液漏斗中（可分数次加入）。往 100 mL 三颈烧瓶里放入 7 mL 正丁醇及几粒沸石。

用电热套将正丁醇加热至微沸，待蒸气上升刚好达到刺形分馏柱底部时，开始滴加氧化剂溶液，注意滴加速度，使刺形分馏柱顶部的温度不超过 78 ℃。同时，生成的正丁醛不断馏出。氧化反应是放热反应，在加料时要注意温度变化，控制柱顶温度在 71~78 ℃。

当氧化剂全部加完后，继续缓慢加热 15~20 min。收集所有在 95 ℃ 以下馏出的粗产物。将此粗产物倒入分液漏斗中，分去水层。把上层的油状物倒入干燥的小锥形瓶中，加入适量无水硫酸镁或无水硫酸钠干燥。

将澄清透明的粗产物倒入 25 mL 蒸馏瓶中，投入几粒沸石，安装好蒸馏装置。用电热套缓慢地加热蒸馏，收集 70~80 ℃ 的馏出液。继续蒸馏，收集 80~120 ℃ 的馏分以回收正丁醇。产量约 1.8 g。

四、实验关键及注意事项

实验关键：控制滴加氧化剂的速度以及刺形分馏柱顶部的温度，粗产品干燥要完全。

（1）正丁醛和水一起蒸出，接收瓶要用冰浴冷却。

（2）绝大部分正丁醛应在 73~76 ℃ 馏出，正丁醛应保存在棕色试剂瓶中。

五、主要试剂及产物的物理常数

纯正丁醛为无色透明液体,沸点为 75.7 ℃,d_4^{20} = 0.817,n_D^{20} = 1.384 3,微溶于水,在 100 g 25 ℃水中可溶该品 7.1 g,能与乙醇、乙醚、乙酸乙酯、丙酮、甲苯及多种其他有机溶剂和油类混溶。主要试剂及产物的物理常数如表 4–15–1 所示。

表 4–15–1　主要试剂及产物的物理常数

组成（沸点/℃）		共沸混合物	
		沸点/℃	各组分含量/%
二元共沸混合物	水（100） 正丁醛（75.7）	68	9.7 90.3
	水（100） 正丁醇（117.7）	93	44.5 55.5

六、思考题

本实验可能的副产物有哪些？

实验十六　乙酰水杨酸的制备

【实验目的】

（1）学习用乙酸酐作酰基化试剂酰化水杨酸制乙酰水杨酸的酯化方法。
（2）巩固重结晶、熔点测定、抽滤等基本操作。
（3）了解乙酰水杨酸的应用价值。

【实验内容】

一、实验原理

乙酰水杨酸,又称水杨酸乙酸酯,即医药上的"阿司匹林"(Aspirin),其是一种应用最早、最广泛和最普通的解热镇痛药和抗风湿药[1]。它与"非那西丁"(Phenacetin)、"咖啡因"(Caffeine)一起组成的"复方阿司匹林"(APC),也是使用最广泛的复方解热止痛药。

在浓硫酸催化作用下[2],水杨酸(邻羟基苯甲酸)与乙酸酐反应,水杨酸分子中的羟基被乙酰化,就生成了乙酰水杨酸:

从反应类型上讲，其属于酚酯的制备，但是其中的乙酸酐却不能用乙酰氯代替，原因在于水杨酸分子中的羧基也很容易与乙酰氯起反应。

由于水杨酸分子中既有羧基又有羟基，因此在反应条件下也会发生分子间的缩合反应，生成少量高聚物：

$$n \begin{array}{c}\text{COOH}\\\text{OH}\end{array} \xrightarrow{H^+} H \!-\!\!\left[\!O\!-\!\!\begin{array}{c}\text{O}\\\|\\\text{C}\end{array}\!\!\right]_n\!\!-\!\!OH + (n-1)H_2O$$

可以利用乙酰水杨酸能与碳酸氢钠反应生成水溶性的钠盐，而高聚物却不能溶于碳酸氢钠水溶液这种性质差异除去高聚物。

最可能存在于最后所得产品中的杂质是水杨酸，它的存在可能是由于乙酰化反应不完全，也可能是产物在分离步骤中发生水解生成的。无论如何，它也能随着乙酰水杨酸与碳酸氢钠反应生成水溶性的钠盐，酸化时再一起结晶析出而混入最终产品中。但一般情况是，即使存在也会由于它的相对含量很少，在各分离步骤中或最后的重结晶过程中可以被除去。是否存在残余的水杨酸，可以用三氯化铁水溶液检验，观察是否形成紫色配合物。

二、实验仪器及试剂

（1）仪器：锥形瓶、烧杯、温度计、布氏漏斗。
（2）试剂：水杨酸、乙酸酐（新蒸）[3]、浓硫酸、饱和碳酸氢钠溶液、1%三氯化铁溶液、浓盐酸、乙酸乙酯。

三、实验步骤

在125 mL锥形瓶中加入2 g水杨酸、5 mL乙酸酐和5滴浓硫酸，旋摇锥形瓶使水杨酸全部溶解后，在水浴上加热5~10 min，控制浴温在85~90 ℃。冷却至室温，即有乙酰水杨酸结晶析出。如不结晶，可用玻璃棒摩擦瓶壁并将反应物置于冰水中冷却使结晶产生。加入50 mL水，将混合物继续在冰水浴中冷却使结晶完全。减压过滤，用滤液反复淋洗锥形瓶，直至所有晶体被收集到布氏漏斗中。每次用少量冷水洗涤结晶几次，继续抽滤将溶剂尽量抽干，称重。

将粗产物转移至150 mL烧杯中，在搅拌下加入25 mL饱和碳酸氢钠溶液，加完后继续搅拌几分钟，直至无二氧化碳气泡产生。过滤，副产物聚合物应被滤出，用5~10 mL水冲洗漏斗，合并滤液，倒入预先盛有4~5 mL浓盐酸和10 mL水配成溶液的烧杯中，搅拌均匀，即有乙酰水杨酸沉淀析出。将烧杯置于冰浴中冷却，使结晶完全。抽滤，用洁净的玻璃塞挤压滤饼，尽量抽去滤液，再用冷水洗涤2~3次，抽干水分。将结晶移至表面皿上，干燥后称重。取几粒结晶加入盛有5 mL水的试管中，加入1~2滴1%三氯化铁溶液，观察有无颜色反应。

为了得到更纯的产品，可将上述结晶的一半溶于少量的乙酸乙酯中（2~3 mL），溶解时应在水浴上小心地加热。如有不溶物出现，可用预热过的玻璃漏斗趁热过滤。将滤液冷至室温，乙酰水杨酸晶体析出。如不析出结晶，可在水浴上稍加浓缩，并将溶液置于冰水中冷却，或用玻璃棒摩擦瓶壁，抽滤收集产物，干燥后测熔点。

乙酰水杨酸为白色针状晶体，熔点为135~136 ℃。

四、实验关键及注意事项

(1) 仪器要全部干燥,药品也要事先经干燥处理,乙酸酐要使用新蒸馏的,收集139~140 ℃的馏分。

(2) 乙酰水杨酸受热后易发生分解,分解温度为128~135 ℃,因此重结晶时不宜长时间加热,控制水温,产品采取自然晾干。

(3) 为了检验产品中是否还有水杨酸,利用水杨酸属酚类物质可与三氯化铁发生颜色反应的特点,用几粒结晶加入盛有 5 mL 水的试管中,加入 1~2 滴 1%三氯化铁溶液,观察有无颜色反应(紫色)。

(4) 本实验中要注意控制好温度(水温 90 ℃)。

五、思考题

(1) 制备乙酰水杨酸时,加入浓硫酸的目的是什么?
(2) 若在硫酸的存在下,水杨酸与乙醇作用将得到什么产物?写出反应方程式。
(3) 本实验中可产生什么副产物?如何除去?
(4) 乙酰水杨酸在沸水中受热时,分解得到一种溶液,后者对三氯化铁呈阳性实验,试解释,并写出反应方程式。

注释

[1] Aspirin 的历史开始于 18 世纪。重要的是首先发现柳树皮的提取物是一种强效的止痛、退热及抗炎消肿药,不久就分离、鉴定了其中的有效成分为水杨酸,随后用化学方法大规模生产,供医用。但后来发现它的酸性强,严重刺激口腔、食道及胃壁黏膜,故试图改进。先制成水杨酸钠试用,发现虽然改善了它的酸性和刺激性,但却具有令人不愉快的甜味,大多数患者不愿意服用。1893 年,合成了乙酰水杨酸,既保持了水杨酸钠的药效,又降低了刺激性,口味好。Bayer 公司将它的这个新产品称作 Aspirin。Aspirin 的产生历史是目前使用的许多药品的典型,即开始都以植物的粗提取物或民间药物出现,再由化学家分离出其中的活性成分,测定结构并加以改造,结果才变成比原来更好的药物。

[2] 催化剂除了浓硫酸外,也可用浓磷酸。

[3] 过量的乙酸酐除了促使可逆反应完全外,也吸收生成高聚物副产物时产生的水。

实验十七 肉桂酸的制备

【实验目的】

(1) 了解通过珀金(Perkin)反应制备肉桂酸的基本原理和方法。
(2) 学习水蒸气蒸馏的原理及其应用,掌握水蒸气蒸馏的装置及操作方法。
(3) 进一步熟悉巩固减压过滤、重结晶操作。

【实验内容】

一、实验原理

肉桂酸是生产冠心病药物"心可安"的重要中间体，其酯类衍生物是配制香精和食品香料的重要原料。它在农用塑料和感光树脂等精细化工产品的生产中也有着广泛的应用。

芳香醛和酸酐在碱性催化剂的作用下，可以发生类似羟醛缩合的反应，生成 α,β-不饱和芳香酸，这个反应称为 Perkin 反应。催化剂通常是相应酸酐的羧酸钾或钠盐，也可用碳酸钾或叔胺。苯甲醛和乙酸酐在无水醋酸钾的作用下，生成醋酸酐的碳负离子，接着碳负离子和芳香醛发生亲核加成反应，然后中间产物的氧酰基交换产生更稳定的 β-酰氧基丙酸负离子，最后经 β-消去，产生肉桂酸盐。用碳酸钾代替 Perkin 反应中的醋酸钾，反应时间短，产率高。反应式如下：

$$C_6H_5CHO + (CH_3CO)_2O \xrightarrow[\text{或}K_2CO_3]{CH_3COOK} \xrightarrow{H^+} C_6H_5CH=CHCOOH + CH_3COOH$$

$$(CH_3CO)_2O + CH_3COOK \rightleftharpoons [CH_3COCO_2CH_2^- \longleftrightarrow H_2C=\overset{O^-}{\underset{}{C}}-OCOCH_3]$$

$$\xrightarrow[\text{亲核加成}]{C_6H_5CHO} \text{（中间体）} \xrightarrow{\text{O-酰基交换}} \text{（中间体）}$$

$$\xrightarrow{\beta\text{-消除}} \text{C}_6\text{H}_5\text{CH=CHCOO}^-$$

二、实验仪器及试剂

（1）仪器：圆底烧瓶、三颈烧瓶、球形冷凝管、电热套、温度计、直形冷凝管、接引管、锥形瓶、热滤漏斗、抽滤装置、玻璃塞。

（2）试剂：苯甲醛、乙酸酐、无水醋酸钾、无水碳酸钾、碳酸钠、活性炭、浓盐酸。

三、实验步骤

实验方法（一）：用无水醋酸钾作缩合剂

在配有球形冷凝管的 100 mL 圆底烧瓶中，加入 3.0 g 研细的无水醋酸钾、7.5 mL（0.078 mol）乙酸酐、5 mL（0.05 mol）新蒸过的苯甲醛和几粒沸石，加热回流 1.5~2.0 h。反应完毕后，移去电热套，从冷凝管上口加入 40 mL 热水，摇匀，稍冷，取下冷凝管，向烧瓶中慢慢加入固体碳酸钠（5~8 g），使溶液呈碱性（pH≈8），进行水蒸气蒸馏，至馏出液无油珠为止。趁热将剩余液转入 250 mL 烧杯中，再补加 90 mL 热水，加入少量（约半牛角勺）活性炭，加热煮沸 5~10 min，趁热过滤，将滤液冷却至室温，在搅拌下向滤液中慢慢滴加浓盐酸至溶液呈酸性（pH=2~3）。冷却，待结晶全部析出后，抽滤收集结晶，并以少量冷水洗涤结晶，干燥，称重，产品约 4 g。粗产品可在热水或70%酒精中进行重结晶，得到无色晶体，熔点为 131.5~132.0 ℃。

实验方法（二）：用无水碳酸钾作缩合剂

在 50 mL 三颈烧瓶中加入 3.5 g 研细的无水碳酸钾、2.5 mL 新蒸馏的苯甲醛、7 mL 乙酸酐和几粒沸石，振荡使其混合均匀。三颈烧瓶中间口接上球形冷凝管，侧口其一装温度计，另一个口用塞子塞上。用电热套加热使其回流，反应液始终保持在 150~170 ℃，回流 45 min。由于有二氧化碳逸出，最初反应会出现泡沫。

反应完毕后，移去电热套，从冷凝管上口加入 20 mL 水，摇匀，进行水蒸气蒸馏，至馏出液无油珠为止。趁热将物料倒入烧杯，向烧杯中加入 20 mL 10%氢氧化钠溶液（用少量碱液洗涤三颈烧瓶）、45 mL 水、少量活性炭脱色，然后趁热过滤。

待滤液冷至室温后，在搅拌下小心加入 10 mL 浓盐酸和 10 mL 水的混合液，至溶液呈酸性。冷却至肉桂酸充分结晶，之后进行减压过滤，并用少量的冷水洗涤，干燥后称重，粗产物约 2 g。用 $V_水 : V_{乙醇} = 3 : 1$ 进行重结晶。

四、实验关键及注意事项

（1）本实验的成败关键是反应用的仪器干燥与否和反应温度的控制。

（2）久置的苯甲醛含苯甲酸，这不但影响产率，而且苯甲酸混在产物中不易除净，影响产物的纯度；另外，反应体系的颜色也较深一些，故需提纯。苯甲酸含量较多时可用以下方法除去：先用10%碳酸钠溶液洗至无二氧化碳放出，然后用水洗涤，再用无水硫酸镁干燥，干燥时加入 1%对苯二酚以防氧化，减压蒸馏，收集 79 ℃/25 mmHg 或 69 ℃/15 mmHg，或 62 ℃/10 mmHg 的馏分（常压蒸馏，收集 170~180 ℃ 馏分），储存时可加入 0.5%的对苯二酚。

（3）无水醋酸钾需新鲜熔焙。将含水醋酸钾放入蒸发皿内加热，则盐先在所含的结晶水中溶化，水分挥发后又结成固体，强热使固体再熔化，并不断搅拌，使水分散发后，立即倒在金属板上，冷后研碎，置于干燥器中备用。无水碳酸钾也应烘干至恒重，否则将会使乙酸酐水解而导致实验产率降低。无水碳酸钾的制法类似于无水醋酸钠。它们的吸湿性很强，操作时要快。

（4）放久了的乙酸酐易潮解吸水成乙酸，故在实验前必须将乙酸酐重新蒸馏。

（5）所用仪器必须是干燥的。因为乙酸酐遇水能水解成乙酸，无水醋酸钾（或无水碳酸钾）遇水失去催化作用，影响反应进行。

（6）缩合反应宜缓慢升温，以防苯甲醛氧化。加热回流，控制反应呈微沸状态，反应液激烈沸腾易使乙酸酐蒸气从冷凝管逸出影响产率。反应开始后，由于逸出二氧化碳，反应液有泡沫出现，随着反应的进行，泡沫会自动消失。

（7）在反应温度下长时间加热，肉桂酸即发生部分脱羧而产生苯乙烯，并进而生成苯乙烯低聚物，若反应温度过高（200 ℃ 左右），这种现象更为明显，也会影响产率。

（8）反应物必须趁热倒出，否则易凝成块状。

（9）回流完毕，加水直接蒸馏，此步蒸馏相当于简易的水蒸气蒸馏。

（10）肉桂酸有顺反异构体，通常制得的是其反式异构体，熔点为 133 ℃。

五、主要试剂及产物的物理常数

主要试剂及产物的物理常数如表 4-17-1 所示。

表 4-17-1　主要试剂及产物的物理常数

名称	相对分子质量	性状	相对密度	熔点/℃	沸点/℃	折射率	溶解度		
							水	乙醇	乙醚
苯甲醛	105.12	无色液体	1.046	−26	179.1	1.545 6	微溶	溶	溶
乙酸酐	102.09	无色液体	1.081	−73	140.0	1.391 0	水解	水解	溶
碳酸钾	138.21	白色易潮解粉末	2.428	891	分解	1.491 0	易溶	不溶	不溶
肉桂酸	148.15	单斜晶棱柱体	1.248	133	300	1.555 0	溶于热水	溶	易溶

六、思考题

（1）具有何种结构的醛能进行 Perkin 反应？
（2）本实验中在水蒸气蒸馏前为什么用饱和碳酸钠溶液处理反应物？
（3）为什么不能用氢氧化钠代替碳酸钠溶液来处理反应物？
（4）水蒸气蒸馏通常在哪三种情况下使用？被提纯物质必须具备哪些条件？
（5）苯甲醛和丙酸酐在无水的丙酸钾存在下相互作用得到什么产物？写出反应式。
（6）反应中，如果使用与酸酐不同的羧酸盐，会得到两种不同的芳香丙烯酸，为什么？

实验十八　苯甲醇和苯甲酸的制备

【实验目的】

（1）熟悉反应原理，掌握苯甲醇和苯甲酸的制备方法。
（2）复习分液漏斗的使用及重结晶、抽滤等操作。

【实验内容】

一、实验原理

主反应：

$$2C_6H_5CHO + NaOH \xrightarrow{\triangle} C_6H_5COONa + C_6H_5CH_2OH$$

$$C_6H_5COONa + HCl \longrightarrow C_6H_5COOH + NaCl$$

副反应：

$$C_6H_5CHO + O_2 \longrightarrow C_6H_5COOH$$

二、实验仪器及试剂

（1）仪器：分液漏斗、圆底烧瓶、温度计、蒸馏头、球形冷凝管、接引管、空气冷凝管、水泵、天平。

（2）试剂：苯甲醛、氢氧化钠、浓盐酸、甲基叔丁基醚、饱和亚硫酸氢钠溶液、10%碳酸钠溶液、无水硫酸镁。

三、实验步骤

（1）歧化反应。在 100 mL 圆底烧瓶内将 7.5 g 氢氧化钠溶于 30 mL 水中，稍冷后加入 10 mL 新蒸馏过的苯甲醛，投入沸石，装上球形冷凝管，在石棉网上加热回流 1 h，间歇振荡。当苯甲醛油层消失，反应物变成透明的溶液时，表明反应已达终点。

（2）苯甲醇的制备。将步骤（1）中的反应物加入 40~50 mL 水，微热，搅拌，使之溶解。冷却后倒入分液漏斗中，每次用 10 mL 甲基叔丁基醚萃取苯甲醇，共萃取水层 3 次。保存萃取过的水溶液供步骤（3）使用。合并甲基叔丁基醚萃取液，用 5 mL 饱和亚硫酸氢钠溶液洗涤。然后依次用 10 mL 10%碳酸钠溶液和 10 mL 冷水洗涤醚层（除去苯甲醛、酸性亚硫酸氢钠）。分离出甲基叔丁基醚溶液，用无水硫酸镁干燥。

将干燥的甲基叔丁基醚溶液倒入 50 mL 蒸馏瓶中，用热水浴加热，蒸出甲基叔丁基醚（倒入指定的回收瓶内）。然后改用空气冷凝管，在石棉网上加热，蒸馏苯甲醇，收集 200~208 ℃ 的馏分。称量，计算产率。

（3）苯甲酸的制备。在不断搅拌下，将步骤（2）中保存的水溶液以细流慢慢地倒入 40 mL 浓盐酸、40 mL 水和 25 g 碎冰的混合物中。将抽滤析出的苯甲酸用少量冷水洗涤，挤压去水分。取出产物，晾干。粗苯甲酸可用水进行重结晶。称量，计算产率。

四、实验关键及注意事项

（1）苯甲醛在碱性溶液中回流时，刚开始油状苯甲醛漂浮在液面上，加热一段时间后，溶液开始变混浊，继续加热直至溶液由混浊变成透明的溶液，此时溶液为浅黄绿色，苯甲醛油层消失，反应已达终点。

（2）饱和亚硫酸氢钠溶液是用来洗涤未反应的苯甲醛。

五、主要试剂及产物的物理常数

主要试剂及产物的物理常数如表 4-18-1 所示。

表 4-18-1　主要试剂及产物的物理常数

名称	相对分子质量	形态	相对密度	熔点/℃	沸点/℃	折射率	溶解性
苯甲醛	106.13	无色液体	1.041 5	−26	178.1	1.546 3	微溶于水，溶于乙醇、乙醚、丙酮
苯甲醇	108.15	无色液体	1.041 9	−15.3	205.35	1.539 6	溶于水、乙醇、乙醚、丙酮
苯甲酸	122.13	白色晶体	1.265 9	122.4	249	1.504	微溶于水，溶于热水、乙醇、乙醚、丙酮

六、思考题

（1）甲基叔丁基醚萃取液为什么要用饱和亚硫酸氢钠溶液洗涤？萃取过的水溶液是否也需要用饱和亚硫酸氢钠溶液处理？为什么？

（2）各步洗涤分别除去什么？

（3）萃取后的水溶液，酸化到中性是否最合适？为什么？不用试纸，怎样知道酸化已恰当？

实验十九　邻氨基苯甲酸的制备

【实验目的】

（1）熟悉和掌握以邻苯二甲酰亚胺进行霍夫曼降级反应制备邻氨基苯甲酸的基本原理和制备方法。

（2）掌握用重结晶精制固体有机化合物的方法。

【实验内容】

一、实验原理

以邻苯二甲酰亚胺进行霍夫曼降级反应是制备邻氨基苯甲酸的较好方法。由于邻氨基苯甲酸具有偶极离子的结构，它既能溶于碱，又能溶于酸。因此，在加酸从碱性反应液中析出邻氨基苯甲酸时，一定要小心控制好酸的加入量，使溶液的 pH 值接近于邻氨基苯甲酸的等电点。

制备反应式为

邻苯二甲酰亚胺 $+ Br_2 + 5NaOH \longrightarrow$ 邻氨基苯甲酸钠 $+ 2NaBr + Na_2CO_3 + 2H_2O$

邻氨基苯甲酸钠 $+ CH_3COOH \longrightarrow$ 邻氨基苯甲酸 $+ CH_3COOH$

二、实验仪器及试剂

（1）仪器：烧杯、锥形瓶、循环水真空泵。

（2）试剂：邻苯二甲酰亚胺、液溴、氢氧化钠、浓盐酸、冰醋酸、饱和亚硫酸氢钠溶液。

三、实验步骤

(1) 制备次溴酸钠溶液。在 100 mL 锥形瓶中,用 7.5 g 氢氧化钠和 30 mL 水配制成碱液。将此锥形瓶放入冰盐浴中,冷却至 -5~0 ℃。向碱液中一次加入 2.1 mL 液溴,振荡锥形瓶,使液溴全部反应。此时温度略有升高。将制成的次溴酸钠冷却到 0 ℃ 以下,放置备用。在另一小锥形瓶中,用 5.5 g 氢氧化钠和 20 mL 水配制另一碱液。

(2) 霍夫曼降级反应。取 6 g 研细的邻苯二甲酰亚胺,加入少量水调成糊状物,一次全部加到冷的次溴酸钠溶液中,剧烈振荡锥形瓶。反应混合物应保持在 0 ℃ 左右。从冰盐浴中取出锥形瓶,再剧烈摇动直到反应物转为黄色清液。把配制好的氢氧化钠溶液全部迅速加入,反应温度自行升高。把反应混合物加热到 80 ℃ 约 2 min。加入 2 mL 饱和亚硫酸氢钠溶液。冷却,减压过滤。把滤液倒入 250 mL 烧杯中,放在冰水浴中冷却。在不断搅拌下小心地滴加浓盐酸,使溶液呈中性(pH=7,用石蕊试纸检验,约需 15 mL 盐酸),然后再缓慢地滴加 5~7 mL 冰醋酸,使邻氨基苯甲酸完全析出。减压过滤,用少量冷水洗涤,晾干。称量,计算产率。

纯邻氨基苯甲酸为无色片状晶体,熔点为 145 ℃。

四、实验关键及注意事项

(1) 溴为剧毒、强腐蚀性药品,取溴操作必须在通风橱中进行,戴防护眼镜及橡皮手套,并且注意不要吸入溴蒸气。

(2) 加入饱和亚硫酸氢钠溶液的目的是还原剩余的次溴酸。

(3) 邻氨基苯甲酸既能溶于碱,又能溶于酸,故过量的盐酸会使产物溶解。若加了过量的盐酸,需加氢氧化钠中和。

(4) 邻氨基苯甲酸的等电点为 pH=3~4。为使邻氨基苯甲酸完全析出,必须加入适量的冰醋酸。

(5) 灰白色的邻氨基苯甲酸粗产物用水进行重结晶可得无色片状晶体。

五、思考题

(1) 假若溴和氢氧化钠的用量不足或有较大的过量,对反应各有何影响?

(2) 邻氨基苯甲酸的碱性溶液,加盐酸使之恰呈中性后,为什么不再加盐酸而是加适量冰醋酸使邻氨基苯甲酸完全析出?

实验二十 五乙酸 α-葡萄糖酯的制备

【实验目的】

(1) 熟悉和掌握酯化反应的基本原理和五乙酸 α-葡萄糖酯的制备方法。

(2) 掌握固体有机化合物的精制方法(重结晶)。

【实验内容】

一、实验原理

葡萄糖分子中有 3 种羟基，它们的化学反应活性是不同的。但在催化剂存在下，葡萄糖与过量乙酸酐反应，5 个羟基均能被酯化，产生两个异构体，对应于 α- 和 β-葡萄糖。用无水氯化锌作催化剂时，主要产物是五乙酸 α-葡萄糖酯；用无水乙酸钠作催化剂时，主要产物是五乙酸 β-葡萄糖酯；用无水氯化锌作催化剂时，五乙酸 β-葡萄糖酯可以转化为五乙酸 α-葡萄糖酯。

制备五乙酸 α-葡萄糖酯的反应式为

$$\text{葡萄糖} + 5(CH_3CO)_2O \xrightarrow{ZnCl_2} \text{五乙酸 α-葡萄糖酯} + 5CH_3COOH$$

二、实验仪器及试剂

（1）仪器：圆底烧瓶、温度计、球形冷凝管、烧杯、水浴锅。
（2）试剂：葡萄糖、乙酸酐、无水氯化锌、活性炭。

三、实验步骤

在装有球形冷凝管的 50 mL 圆底烧瓶中放入 0.7 g 无水氯化锌和 12.5 mL 新蒸馏的乙酸酐，在沸水浴上加热，待无水氯化锌溶解为透明溶液（约 10 min）后，分少量多次加入 2.5 g 干燥的葡萄糖，并轻轻振摇反应瓶，控制反应平稳进行，葡萄糖加完后，继续加热 1 h。在剧烈搅拌下，将反应物趁热倒入盛有 150 mL 冰水的烧杯中，冷却，直到油层完全固化，停止搅拌。抽滤，用少量冷水洗涤两次。用约 25 mL 95%乙醇重结晶，必要时加少许活性炭脱色。称量，计算产率。

五乙酸 α-葡萄糖酯为无色针状晶体，熔点为 112~113℃，$[\alpha]_D^{20} = +101.6°$。

四、实验关键及注意事项

（1）氯化锌及葡萄糖一定要干燥无水，这是保证本实验成功的关键。
（2）氯化锌易吸潮，应加热熔融冷却成固体，压碎再使用。
（3）葡萄糖在 110~120 ℃烘箱中干燥 2~3 h 后使用。

五、思考题

（1）葡萄糖分子中的 5 个羟基酯化反应活性相同吗？为什么？
（2）还可以用什么方法制备五乙酸 α-葡萄糖酯？

实验二十一 甲基橙的制备

【实验目的】

（1）熟悉重氮化反应和偶合反应的原理。
（2）掌握甲基橙的制备方法。
（3）练习重结晶的实验操作。

【实验内容】

一、实验原理

1. 重氮化反应

芳香族伯胺在低温和强酸溶液中与亚硝酸钠作用，生成重氮盐的反应称为重氮化反应（Diazotization）。由于芳香族伯胺在结构上的差异，重氮化方法也不尽相同。

苯胺、联苯胺及含有给电子基的芳胺，其无机酸盐稳定又溶于水，一般采用顺重氮化法，即先把 1 mol 胺溶于 2.5~3.0 mol 的无机酸，于 0~5 ℃ 加入亚硝酸钠。

含有吸电子基（—SO_3H、—COOH）的芳胺，由于本身形成内盐而难溶于无机酸，较难重氮化，一般采用逆重氮化法，即先溶于碳酸钠溶液，再加入亚硝酸钠，最后加酸。本次甲基橙的制备实验即采用该方法。

含有一个—NO_2、—Cl 等吸电子的芳胺，由于碱性弱，难成无机盐，且铵盐难溶于水，易水解，生成的重氮盐又容易与未反应的胺生成重氮氨基化合物（ArN=N—NHAr），因此多采用先将胺溶于热盐酸，冷却后再重氮化的方法。

2. 偶合反应

在弱碱或弱酸性条件下，重氮盐和酚、芳胺类化合物作用，生成偶氮基（—N=N—），将两分子中的芳环偶联起来的反应称为偶合反应（Coupling Reaction，又名偶联反应）。

偶联反应的实质是芳香环上的亲电取代反应，偶氮基为弱亲电基，它只能与芳环上具有较大电子云密度的酚类、芳胺类化合物反应。由于空间位阻的影响，反应一般在对位发生。若对位已经有取代基，则偶合反应发生在邻位。

重氮盐和酚的反应是在弱碱性的介质中进行的，而重氮盐与芳胺的反应是在弱酸环境下进行的。

对于甲基橙的制备实验，由于其为重氮盐与芳胺的反应，故以冰醋酸为溶剂。其反应式为

$$NH_2\text{-}\!\!\!\bigcirc\!\!\!\text{-}SO_3H + NaOH \longrightarrow NH_2\text{-}\!\!\!\bigcirc\!\!\!\text{-}SO_3^-Na^+ + H_2O$$

$$\underset{NH_2}{\bigcirc}\!\!-\!\!SO_3^-Na^+ \xrightarrow[NaNO_2]{HCl} \left[HO_3S\!-\!\bigcirc\!\!-\!\!N^+\!\!\equiv\!\!N\right]Cl^- \xrightarrow[HOAc]{C_6H_5N(CH_3)_2}$$

$$\left[HO_3S\!-\!\bigcirc\!\!-\!\!N\!\!=\!\!N\!-\!\bigcirc\!\!-\!\!NH(CH_3)_2\right]^+OAc^- \xrightarrow{NaOH}$$

$$NaO_3S\!-\!\bigcirc\!\!-\!\!N\!\!=\!\!N\!-\!\bigcirc\!\!-\!\!N(CH_3)_2 + NaAc + H_2O$$

二、实验仪器及试剂

（1）仪器：烧杯、温度计、布氏漏斗。
（2）试剂：对氨基苯磺酸、氢氧化钠、亚硝酸钠、浓盐酸、冰醋酸、N,N-二甲基苯胺、乙醇、乙醚、淀粉-碘化钾试纸。

三、实验步骤

（1）重氮盐的制备。在 50 mL 烧杯中加入 2.1 g 对氨基苯磺酸结晶和 10 mL 5%氢氧化钠溶液，温热使结晶溶解，用冰盐浴冷却至 0 ℃以下。在试管中加入 0.8 g 亚硝酸钠和 6 mL 水，配制成溶液。将此配制液也加入烧杯中。维持温度 0~5 ℃，在搅拌下，慢慢用滴管滴入 3 mL 浓盐酸和 10 mL 水配成的溶液，直至用淀粉-碘化钾试纸检测呈现蓝色，继续在冰盐浴中放置 15 min，使反应完全，这时往往有白色细小晶体析出。

（2）偶合反应。在试管中加入 1.2 mL N,N-二甲基苯胺和 1 mL 冰醋酸，并混匀。在搅拌下将此混合液缓慢加入上述冷却的重氮盐溶液中，加完后继续搅拌 10 min。缓缓加入约 25 mL 5%氢氧化钠溶液，直至反应物变为橙色（此时反应液为碱性）。甲基橙粗品呈细粒状沉淀析出。

将反应物置沸水浴中加热 5 min，冷却后，再放置冰浴中冷却，使甲基橙晶体析出完全。抽滤，依次用少量水、乙醇和乙醚洗涤，压紧抽干。干燥后得粗品。

（3）纯化。粗产品用 1%氢氧化钠进行重结晶。待结晶析出完全，抽滤，依次用少量水、乙醇和乙醚洗涤，压紧抽干，得片状甲基橙结晶。称重并计算产率。

（4）将少许甲基橙溶于水中，加几滴稀盐酸，然后再用稀碱中和，观察并记录颜色变化。

四、实验关键及注意事项

（1）对氨基苯磺酸为两性化合物，酸性强于碱性，它能与碱作用成盐，而不能与酸作用成盐。

（2）重氮化过程中，应严格控制温度，反应温度若高于 5 ℃，生成的重氮盐易水解为酚，降低产率。

（3）若试纸不显色，需补充亚硝酸钠溶液。

(4) 重结晶操作要迅速，否则产物由于呈碱性，在温度高时易变质，颜色变深。用乙醇和乙醚洗涤的目的是使其迅速干燥。

五、主要试剂及产物的物理常数

主要试剂及产物的物理常数如表 4-21-1 所示。

表 4-21-1　主要试剂及产物的物理常数

名称	相对分子质量	性状	折射率	相对密度	熔点/℃	沸点/℃	溶解度/[g·(100 mL 溶剂)$^{-1}$]		
							水	醇	醚
对氨基苯磺酸	173.2	白色晶体	—	—	>280 开始炭化	—	0.8 (10 ℃)	不溶	不溶
N,N-二甲基苯胺	121.18	无色液体	1.5582	0.9563	—	193	不溶	∞	∞
甲基橙	327.33	橙色晶体	—	—	300	—	溶	不溶	不溶

六、思考题

(1) 在重氮盐制备前为什么还要加入氢氧化钠？如果直接将对氨基苯磺酸与盐酸混合后，再加入亚硝酸钠溶液进行重氮化操作可行吗？为什么？

(2) 制备重氮盐为什么要维持 0~5 ℃的低温，温度高有何不良影响？

(3) 重氮化反应为什么要在强酸条件下进行？偶合反应为什么要在弱酸条件下进行？

(4) 试解释甲基橙在酸碱介质中的变色原因，并用反应式表示。

实验二十二　对甲苯磺酸的制备

【实验目的】

(1) 学习芳香族的磺化反应制备芳磺酸。
(2) 巩固分水器的使用、回流以及重结晶操作。

【实验内容】

一、实验原理

主反应：

副反应：

$$\text{C}_6\text{H}_5\text{CH}_3 + \text{H}_2\text{SO}_4 \rightleftharpoons \text{邻-CH}_3\text{C}_6\text{H}_4\text{SO}_3\text{H}$$

二、实验仪器及试剂

（1）仪器：半微量玻璃仪器一套、布氏漏斗。

（2）试剂：甲苯、浓硫酸、精盐、浓盐酸。

三、实验步骤

（1）回流。50 mL 圆底烧瓶内放入 25 mL 甲苯，一边摇动烧瓶，一边缓慢地加入 5.5 mL 浓硫酸，投入几粒沸石，在石棉网上用小火加热回流 2 h 或至分水器中积存 2 mL 水为止。反应制备装置如图 4-22-1 所示。

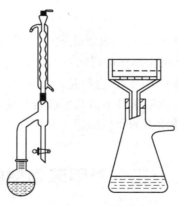

图 4-22-1 反应制备装置

（2）产品分离。静置冷却反应物。将反应物倒入 60 mL 锥形瓶内，加入 1.5 mL 水，此时有晶体析出。用玻璃棒慢慢搅动，反应物逐渐变成固体。用布氏漏斗抽滤，用玻璃瓶塞挤压以除去甲苯和邻甲苯磺酸，得粗产物约 15 g。

（3）纯化。若要得到较纯的对甲苯磺酸，可进行重结晶。在 50 mL 烧杯（或大试管）里，将 12 g 粗产物溶于约 6 mL 水中。向此溶液里通入氯化氢气体，直到有晶体析出。在通氯化氢气体时，要采取措施，防止倒吸。析出的晶体用布氏漏斗快速抽滤。晶体用少量浓盐酸洗涤。用玻璃瓶塞挤压除去水分，取出后保存在干燥器里。

四、实验关键及注意事项

（1）滴加浓硫酸时，一定要在振摇下用滴管慢慢加入。

（2）控制加热强度。

（3）析晶时要慢慢搅拌。

五、思考题

(1) 利用什么性质除去对甲苯磺酸中的邻位衍生物？

(2) 在本实验条件下，会不会生成相当量的甲苯二磺酸？为什么？

实验二十三　乙酰苯胺的制备

【实验目的】

(1) 了解乙酰苯胺的实验室制备方法。
(2) 掌握重结晶提纯固体有机物的原理和方法。
(3) 掌握溶剂选择的原理和方法。
(4) 熟悉重结晶的操作方法。
(5) 学习常压过滤和减压过滤（抽滤）的操作技术。

【实验内容】

一、实验原理

用冰醋酸为酰化试剂制备乙酰苯胺的反应式为

$$C_6H_5NH_2 + CH_3COOH \xrightarrow{\text{加热}} C_6H_5NHCOCH_3 + H_2O$$

固体有机物在溶剂中的溶解度一般随温度的升高而增大。把固体有机物溶解在热溶剂中使之饱和，冷却时由于溶解度降低，有机物又重新析出晶体。利用溶剂对被提纯物质及杂质的溶解度不同，使被提纯物质从过饱和溶液中析出，让杂质全部或大部分留在溶液中，从而达到提纯的目的。

重结晶只适宜杂质含量在5%以下的固体有机混合物的提纯。从反应粗产物直接重结晶是不适宜的，必须先采取其他方法初步提纯，然后再重结晶提纯。

二、实验仪器及试剂

(1) 仪器：圆底烧瓶、温度计、刺形分馏柱、直形冷凝管、接引管、锥形瓶、表面皿、无颈漏斗、布氏漏斗。

(2) 试剂：冰醋酸、苯胺、锌粉。

三、实验步骤

1. 反应

在 50 mL 圆底烧瓶中，加入 10 mL 苯胺、15 mL 冰醋酸及少许锌粉（约 0.1 g），装上短的刺形分馏柱，其上端装温度计，支管通过接引管与接收瓶相连，接收瓶外部用冷水浴冷却。将圆底烧瓶在石棉网上小心加热，使反应物保持微沸约 15 min。然后逐渐升高温度，当温度计读数达到 100 ℃ 左右时，支管即有液体流出。维持温度在 100~110 ℃ 反应约 1.5 h，生成的水及大部分醋酸已被蒸出，此时温度计读数下降，表示反应已经完成。

2. 纯化

在搅拌下趁热将反应物倒入 200 mL 冰水中，冷却后抽滤析出的固体，用冰水洗涤。粗产物用水重结晶，产量为 9~10 g，熔点为 113~114 ℃。纯粹乙酰苯胺的熔点为 114.3 ℃，为白色结晶体。

取 2 g 粗乙酰苯胺，放入 150 mL 锥形瓶中，加入 70 mL 水。石棉网上加热至沸，并用玻璃棒不断搅动，使固体溶解，这时若有尚未完全溶解的固体，可继续加入少量热水，至完全溶解后，再多加 2~3 mL 水（总量约 90 mL）。移去火源，稍冷后加入少许活性炭，稍加搅拌继续加热微沸 5~10 min。

事先在烘箱中烘热无颈漏斗，过滤时趁热从烘箱中取出，把漏斗安置在铁圈上，于漏斗中放一张预先叠好的折叠滤纸，并用少量热水润湿，将上述热溶液通过折叠滤纸，迅速滤入 150 mL 烧杯中。每次倒入漏斗中的液体不要太满，也不要等溶液全部滤完后再加。在过滤过程中，应保持溶液的温度。为此将未过滤的部分继续用小火加热以防冷却。待所有的溶液过滤完毕后，用少量热水洗涤锥形瓶和滤纸。

滤毕，用表面皿将盛滤液的烧杯盖好，放置一旁，稍冷后，用冷水冷却以使结晶完全。如要获得较大颗粒的结晶，可在滤完后将滤液中析出的结晶重新加热使其溶化，于室温下放置，让其慢慢冷却。

结晶完成后，用布氏漏斗抽滤（滤纸先用少量冷水润湿，抽气吸紧），使结晶与母液分离，并用玻璃塞挤压，使母液尽量除去。拔下抽滤瓶上的橡皮管（或打开安全瓶上的活塞），停止抽气。加少量冷水至布氏漏斗中，使晶体润湿（可用刮刀使结晶松动），然后重新抽干，如此重复 1~2 次，最后用刮刀将结晶移至表面皿上，摊开成薄层，置空气中晾干或在干燥器中干燥。测定干燥后精制产物的熔点，并与粗产物熔点作比较，称重并计算产率。

过滤装置如图 4-23-1 所示。

 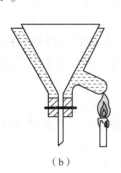 

(a) (b) (c)

图 4-23-1 过滤装置

(a) 常温过滤；(b) 热过滤；(c) 抽滤

四、实验关键及注意事项

（1）溶剂的选择及用量（常多 20%）。

（2）活性炭脱色时，不能把其加入已沸腾的溶液中，"防暴沸"用量为干燥粗产品质量的 1%~5%。

（3）抽滤时防止倒吸。

五、主要试剂及产物的物理常数

主要试剂及产物的物理常数如表 4-23-1 所示。

表 4-23-1　主要试剂及产物的物理常数

名称	相对分子质量	性状	折射率	相对密度	熔点/℃	沸点/℃	溶解度/[g·(100 mL 溶剂)$^{-1}$]		
							水	醇	醚
冰醋酸	60.05	无色液体	1.369 8	1.049	16.6	118.1	∞	∞	∞
苯胺	93.13	无色液体	1.586 3	1.021 7	-6.3	184.1	3.6	∞	∞
乙酰苯胺	135.2	白色固体	1.372 2	1.219	114.3	304	0.53	21	7

六、思考题

（1）理想溶剂应具备的条件是什么？
（2）活性炭使用时应注意什么？
（3）抽滤时应注意什么？
（4）为什么用水重结晶乙酰苯胺时往往会出现油珠？如何消除？

实验二十四　二苯甲醇的制备

【实验目的】

（1）学习制备二苯甲醇的实验原理和方法。
（2）巩固重结晶的操作方法。

【实验内容】

一、实验原理

二苯甲酮可以通过多种还原剂还原，得到二苯甲醇。在碱性溶液中用锌粉还原，是制备二苯甲醇常用的方法，适用于中等规模的实验室制备。

本实验是利用二苯甲酮和锌粉进行反应，得到二苯甲醇。反应式如下：

$$C_6H_5COC_6H_5 \xrightarrow{Zn+NaOH} C_6H_5CH(OH)C_6H_5$$

二、实验仪器及试剂

（1）仪器：锥形瓶、直形冷凝器、布氏漏斗、减压装置、量筒、滤纸、烧杯、玻璃棒、表面皿、抽滤瓶、短颈漏斗、酒精灯。

（2）试剂：二苯甲酮、锌粉、氢氧化钠、乙醇、浓盐酸、石油醚、pH试纸、冰。

三、实验步骤

1. 反应

在装有冷凝管100 mL的锥形瓶中，依次加入1.5 g氢氧化钠、1.5 g二苯甲酮、1.5 g锌粉和15 mL 95%的乙醇。充分摇振，反应微微放热，约20 min后，在80 ℃的水浴上加热5 min，使反应完全。

2. 纯化

抽滤，固体用少量的乙醇洗涤。滤液倒入80 mL事先用冰水浴冷却的水中，摇荡混匀后用浓盐酸小心酸化，使溶液pH值为5~6，静置，析出固体。抽滤析出的固体，将粗产物置于红外灯下或干燥箱中干燥。用15 mL的石油醚对粗产物进行重结晶。干燥后得到针状的二苯甲醇。称重，计算产率。二苯甲醇熔点为68~69 ℃。

四、实验关键及注意事项

（1）称量氢氧化钠时要将颗粒研磨成粉末，称量迅速，防止潮解。

（2）反应前20 min要不断振摇，这是操作关键。

（3）用浓盐酸酸化时要有耐心，pH值调到5~6。

（4）样品干燥时注意对温度的控制，防止样品熔融。

（5）重结晶时要水浴，防止着火。

五、主要试剂及产物的物理常数

主要试剂及产物的物理常数如表4-24-1所示。

表4-24-1 主要试剂及产物的物理常数

名称	相对分子质量	性状	折射率	相对密度	熔点/℃	沸点/℃	溶解度/[g·(100 mL溶剂)$^{-1}$]		
							水	醇	醚
二苯甲酮	182.24	白色晶体	1.607 7	1.095	47~49	170	不溶	∞	∞
乙醇	46.07	无色液体	1.361 4	0.789	−117.3	78.5	∞	∞	∞
二苯甲醇	184.24	白色晶体	—	—	63~69	—	不溶	易溶	易溶

六、思考题

（1）试提出合成二苯甲醇的其他方法。

（2）本实验有哪些可能的副反应？

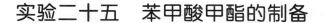

实验二十五　苯甲酸甲酯的制备

【实验目的】

（1）掌握酯化反应原理及苯甲酸甲酯的制备方法。
（2）复习分水器的使用及液体有机化合物的精制方法。

【实验内容】

一、实验原理

直接酸催化酯化反应是经典的制备酯的方法，但是反应是可逆反应，反应物之间建立动态平衡。为了提高酯的转化率，使用过量甲醇或将反应生成的水从反应体系中除去，都可以使平衡向生成酯的方向移动，从而提高转化率。反应式如下：

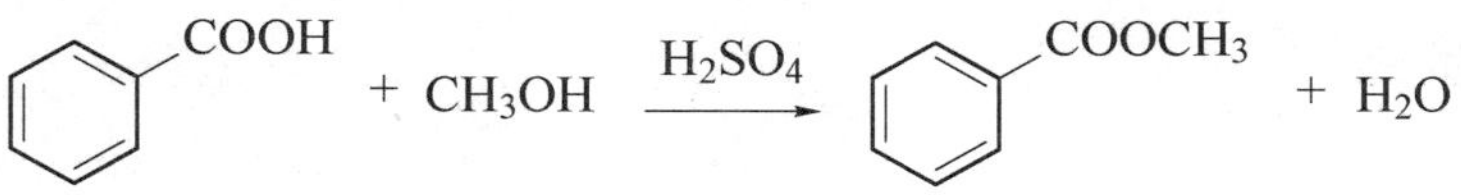

$$\text{C}_6\text{H}_5\text{COOH} + \text{CH}_3\text{OH} \xrightarrow{\text{H}_2\text{SO}_4} \text{C}_6\text{H}_5\text{COOCH}_3 + \text{H}_2\text{O}$$

反应机理如下：

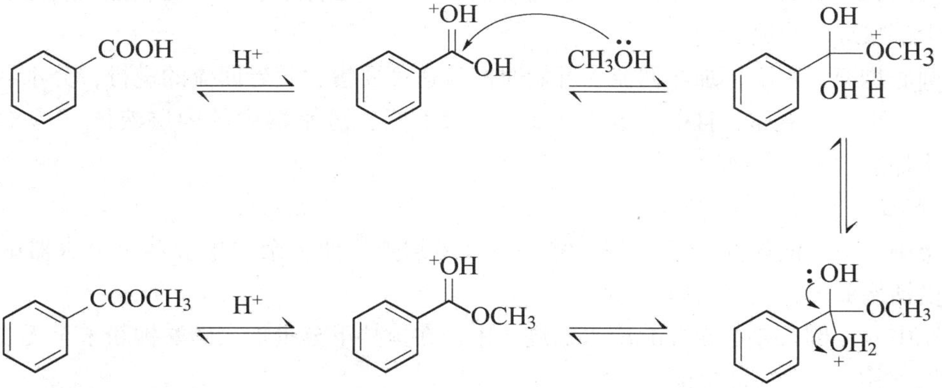

（反应机理示意图）

二、实验仪器及试剂

（1）仪器：圆底烧瓶、球形冷凝器、分水器、分液漏斗、锥形瓶、烧杯、减压蒸馏装置一套。
（2）试剂：苯甲酸、无水乙醇、浓硫酸、碳酸钠、无水氯化钙、甲基叔丁基醚。

三、实验装置

实验装置如图 4-25-1 所示。

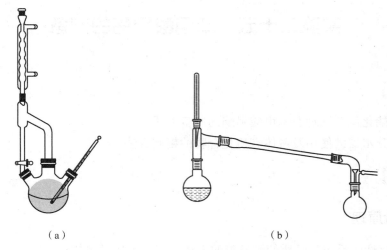

图 4-25-1 制备装置与蒸馏装置
(a) 苯甲酸甲酯制备装置；(b) 空气冷凝蒸馏装置

四、实验步骤

1. 反应

在 100 mL 圆底烧瓶中，加入 0.1 mol 苯甲酸、50 mL 无水乙醇和 3 mL 浓硫酸，摇匀后加入几粒沸石，再装上分水器，从分水器上端小心加水至分水器支管处，然后再放去 6 mL，分水器上端接球形冷凝管。

将圆底烧瓶在水浴上加热回流，开始时回流速度要慢，随着回流的进行，分水器中出现了上、中、下三层液体，且中层越来越多。约 2 h 后，分水器中的中层液体已达 5~6 mL，即可停止加热。

2. 纯化

放出中、下层液体并记下体积。继续用水浴加热，使多余的甲醇蒸至分水器中（当充满时可由活塞放出，注意放时应移去火源）。

将瓶中残液倒入盛有 60 mL 冷水的烧杯中，在搅拌下分批加入碳酸钠粉末至无二氧化碳气体产生（用 pH 试纸检验至呈中性）。

用分液漏斗分去粗产物，用 20 mL 甲基叔丁基醚萃取水层，合并粗产物和醚萃取液，用无水氯化钙干燥。水层倒入公用的回收瓶回收，未反应的苯甲酸甲酯，先用水浴蒸去醚，回收乙醚，加热精馏，收集 198~200 ℃ 馏分。

五、实验关键及注意事项

（1）由于苯的毒性较大，实验中可以采用环己烷代替苯作为带水剂，需要特别注意的是，加入环己烷之前回流反应的时间应足够长，待反应混合物温度低于 80 ℃，方可加入环己烷，且带水过程不可加强热，这是实验成败的关键。

（2）注意浓硫酸的取用安全。要缓慢加入浓硫酸且混合均匀，防止炭化。

（3）注意回流时对温度和时间的控制（反应初期小火加热、反应终点正确判断）

（4）注意去除酸的操作是否彻底，苯甲酸为有机酸，与盐的反应较慢。如果去除不彻底，最后蒸馏时 100 ℃ 以上会有白烟产生，其为苯甲酸升华所致。

六、主要试剂及产物的物理常数

主要试剂及产物的物理常数如表 4-25-1 所示。

表 4-25-1　主要试剂及产物的物理常数

名称	相对分子质量	性状	折射率	相对密度	熔点/℃	沸点/℃	溶解度/[g·(100 mL 溶剂)$^{-1}$]		
							水	醇	醚
苯甲酸	122	无色晶体	1.539 7	1.270 0	122.13	249	微溶	易溶	易溶
甲醇	32.04	无色液体	1.440 0	0.791 8	-97	64.7	∞	∞	∞
苯甲酸甲酯	136.15	无色液体	1.516 4	1.088 8	-12.3	199.6	不溶	易溶	∞

七、思考题

（1）该实验中是用什么原理和措施来提高平衡反应产率的？

（2）回流反应中应用分水器和不用分水器对产率有什么影响？

实验二十六　呋喃甲醇和呋喃甲酸的制备

【实验目的】

（1）了解通过 Cannizzaro 反应由呋喃甲醛制备呋喃甲醇和呋喃甲酸的基本原理和方法。

（2）进一步熟悉巩固萃取、简单蒸馏、减压过滤和重结晶操作。

【实验内容】

一、实验原理

$$\text{furfural-CHO} \xrightarrow{\text{浓NaOH}} \text{furfuryl-CH}_2\text{OH} + \text{furyl-COONa} \xrightarrow{\text{H}^+} \text{furyl-COOH}$$

反应机理：

$\underset{\text{furan}}{\bigcirc}-CHO \xrightarrow{^-OH} \underset{\text{furan}}{\bigcirc}-\overset{H}{\underset{OH}{C}}-O^- \xrightarrow{OHC-\bigcirc} \underset{\text{furan}}{\bigcirc}-COOH + \underset{\text{furan}}{\bigcirc}-CH_2O^-$

$\longrightarrow \underset{\text{furan}}{\bigcirc}-COO^- + \underset{\text{furan}}{\bigcirc}-CH_2OH$

二、实验仪器及试剂

（1）仪器：循环水真空泵、圆底烧瓶、直形冷凝管、空气冷凝管、蒸馏头、温度计套管、接引管、锥形瓶、分液漏斗、抽滤瓶、布氏漏斗、烧杯。

（2）试剂：呋喃甲醛、氢氧化钠、浓盐酸、乙醚、无水硫酸镁。

三、实验步骤

1. 反应

呋喃甲醛存放过久会变成棕褐色甚至是黑色，同时往往含有水分，因此使用前需要蒸馏提纯，在蒸馏的条件下收集 155~162 ℃的馏分，新蒸馏的呋喃甲醛是淡黄色的。

用天平称取 8 g 的氢氧化钠固体颗粒，用 12 mL 的水将其溶解在 100 mL 的烧杯中，并将 100 mL 的烧杯置于 250 mL 的装有适量冰块和水的烧杯中，从而进行冷却。然后在搅拌的情况下，用胶头滴管慢慢地向烧杯中滴加 16.4 mL 新蒸出的呋喃甲醛，由于反应不断地放出大量热，而我们又需要保证反应的温度维持在 8~12 ℃，所以在此过程中要不断地更换冰块，来达到所需要的反应环境。加完后仍然维持此温度，搅拌近 1 h 得到米黄色的浆状物。

2. 纯化

在搅拌的情况下向反应混合物中加入适量的水，使沉淀恰好溶解，此时的溶液呈暗红色。将溶液转入分液漏斗中，每次用 15 mL 乙醚萃取 4 次。合并醚萃取液，用无水硫酸镁干燥后，先在水浴锅蒸去乙醚，然后在石棉网上加热蒸馏呋喃甲醇，收集 169~172 ℃的馏分。反应装置如图 4-26-1 所示。

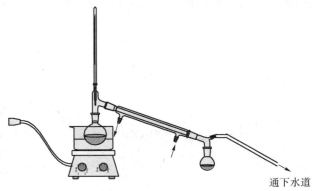

图 4-26-1　反应装置

乙醚提取后的水溶液在搅拌的条件下慢慢加入浓盐酸,至刚果红试纸变蓝,然后放置在烧杯中冷却,再待其结晶后抽滤,产物用少量的冷水洗涤,抽干后收集产品。

粗产物用水重结晶,得白色针状的呋喃甲酸。呋喃甲酸的熔点为 133~134 ℃。

四、实验关键及注意事项

(1) 在反应中,必须控制反应温度在 8~10 ℃。低于 8 ℃ 则反应慢(反应中积存呋喃甲醛),高于 12 ℃ 则反应温度易升高而难以控制,致使反应物变成深红色,影响产率。

(2) 反应终点的控制:反应液已变成黏稠浆状物以致无法搅拌。黄色浆状物中加水不宜过多,否则将损失一部分产品,加酸要足够,保证 pH=3,使呋喃甲酸充分游离,这步是影响呋喃甲酸产率的关键。

(3) 在蒸馏乙醚时,因其沸点低,易挥发,易燃,蒸气可使人失去知觉,因此,蒸馏前首先要检查仪器各接口安装得是否严密,最好在水浴上进行蒸馏,切忌直接用火焰加热。

(4) 在重结晶呋喃甲酸时,不要长时间加热回流,否则部分呋喃甲酸将被破坏,出现焦油状物。

五、主要试剂及产物的物理常数

主要试剂及产物的物理常数如表 4-26-1 所示。

表 4-26-1　主要试剂及产物的物理常数

名称	相对分子质量	性状	折射率	相对密度	熔点/℃	沸点/℃	溶解度/[g·(100 mL 溶剂)$^{-1}$]		
							水	醇	醚
呋喃甲醛	96.09	无色液体	1.526 1	1.156	-36.5	161.8	可溶	易溶	∞
呋喃甲醇	98.10	无色液体	1.486 9	1.130	-29	171	∞	易溶	易溶
呋喃甲酸	112.08	白色固体	—	—	133	230	可溶	可溶	易溶

六、思考题

(1) 本实验根据什么原理来分离和提纯呋喃甲醇和呋喃甲酸这两种产物?

(2) 用浓盐酸将乙醚萃取后的呋喃甲酸水溶液酸化至中性是否适当?为什么?若不用刚果红试纸,如何判断酸化是否适当?

实验二十七　局部麻醉剂——苯佐卡因的制备

【实验目的】

(1) 通过苯佐卡因的合成,了解药物合成的基本过程。

(2) 掌握氧化、酯化和还原反应的原理及基本操作。

(3) 学习以对甲苯胺为原料,经乙酰化、氧化、酸性水解和酯化,制取苯佐卡因的原理和方法。

【实验内容】

一、实验原理

苯佐卡因（对氨基苯甲酸乙酯的俗称），白色晶体状粉末，无臭无味，相对分子质量为 165.19，熔点为 91~92 ℃。其易溶于醇、醚、氯仿，能溶于杏仁油、橄榄油、稀酸，难溶于水。

它具有以下作用：

（1）紫外线吸收剂。主要用于防晒类和防晒黑类化妆品，对光和空气的化学性能稳定，对皮肤安全，还具有在皮肤上成膜的能力；能有效地吸收 UVB 区域 280~320 μm（中波光线区域）的紫外线；添加量通常为 4% 左右。

（2）非水溶性的局部麻醉药。有止痛、止痒作用，主要用于创面、溃疡面、黏膜表面和痔疮麻醉止痛和止痒，其软膏还可用作鼻咽导管、内窥镜等润滑止痛。

苯佐卡因作用的特点是起效迅速，约 30 s 即可产生止痛作用，且对黏膜无渗透性，毒性低，不会影响心血管系统和神经系统。1984 年美国药物索引收载苯佐卡因制剂即达 104 种之多，苯佐卡因的市场前景是广阔的。

以对硝基苯甲酸为原料制备苯佐卡因，此方法是 H. Svlkowshi 于 1895 年提出的，反应时将对硝基苯甲酸在氨水的条件下，用硫酸亚铁还原成对氨基苯甲酸，然后在酸性条件下用乙醇酯化，得到苯佐卡因产品。制备方法如下：

在第一步反应中，在氨水的条件下，硫酸亚铁在碱性环境下容易形成氢氧化物沉淀。硫酸亚铁还原生成的对氨基苯甲酸，由于其羧基与铁离子形成不溶性沉淀，而混于铁泥中不易分离，此外对氨基苯甲酸的化学活性比对硝基苯甲酸低，故其第二步的酯化反应效率也不高，产物的产率较低。

本实验以对甲苯胺为原料，通过乙酰化、氧化、酸性水解和酯化 4 个步骤，制取苯佐卡因。本制备方法所用的条件较温和，但反应步骤较多，产率低，在工业生产中，生产环节多而不易控制，一般用于实验室制备少量产品。

苯佐卡因的合成涉及 4 个反应：

（1）将对甲苯胺用冰醋酸处理转变为相应的酰胺，其目的是在第二步高锰酸钾氧化反应中保护氨基，避免氨基被氧化，形成的酰胺在所用氧化条件下是稳定的。

（2）对甲基乙酰苯胺中的甲基被高锰酸钾氧化为相应的羧基。氧化过程中，紫色的高锰酸钾被还原成棕色的二氧化锰沉淀。鉴于溶液中有氢氧根离子生成，故要加入少量的七水硫酸镁作为缓冲剂，使溶液碱性不致变得太强而使酰胺基发生水解。反应产物是羧酸盐，经酸化后可使生成的羧酸从溶液中析出。

（3）使酰胺水解，除去起保护作用的乙酰基，此反应在稀酸溶液中很容易进行。

（4）用对氨基苯甲酸和乙醇，在浓硫酸的催化下，制备对氨基苯甲酸乙酯。

反应式如下：

$$\underset{\underset{CH_3}{|}}{\underset{}{C_6H_4}}-NH_2 \xrightarrow{CH_3COOH} \underset{\underset{CH_3}{|}}{\underset{}{C_6H_4}}-NHCOCH_3 \xrightarrow{KMnO_4} \underset{\underset{COOK}{|}}{\underset{}{C_6H_4}}-NHCOCH_3 \xrightarrow[H_2O]{H^+} \underset{\underset{COOH}{|}}{\underset{}{C_6H_4}}-NH_2 \xrightarrow[H_2SO_4]{C_2H_5OH} \underset{\underset{CO_2C_2H_5}{|}}{\underset{}{C_6H_4}}-NH_2$$

二、实验仪器及试剂

（1）仪器：数字显示熔点仪、电子台秤、电磁炉、磁力搅拌器、烘箱、球形冷凝管、直形冷凝管、空气冷凝管、刺形分馏柱、接收器、蒸馏头、圆底烧瓶、烧杯、量筒、锥形瓶、抽滤瓶、布氏漏斗、分液漏斗、玻璃棒、药匙、pH 试纸、表面皿。

（2）试剂：对甲苯胺、高锰酸钾、无水乙醇、95%乙醇、乙醚、锌粉、无水硫酸镁、七水硫酸镁、18%盐酸溶液、浓硫酸、冰醋酸、10%氨水溶液、10%碳酸钠溶液、活性炭。

三、实验装置

实验装置如图 4-27-1～图 4-27-3 所示。

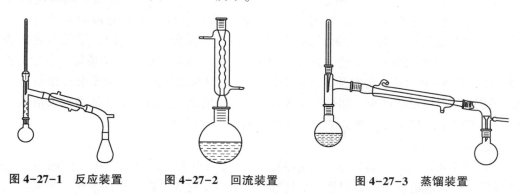

图 4-27-1　反应装置　　　　图 4-27-2　回流装置　　　　图 4-27-3　蒸馏装置

四、实验步骤

1. 对甲基乙酰苯胺的制备

在 100 mL 圆底烧瓶中，加入 10.7 g（0.1 mol）对甲苯胺、14.4 mL（0.25 mol）冰醋酸、0.1 g 锌粉（≤0.1 g），搭建装置（见图 4-27-1）作为反应装置，加热，使反应温度保持在 100～110 ℃，当反应温度自动降低时，表示反应结束。取下圆底烧瓶，将其中的药品倒入放有冰水的 500 mL 烧杯中，冷却结晶，然后抽滤，滤渣即对甲基乙酰苯胺。取 2 g 对甲基乙酰苯胺（其他的放入烘箱中烘干）放入 50 mL 圆底烧瓶中，再加入 10 mL 2∶1 的乙醇-水溶液和适量活性炭，搭建回流装置（见图 4-27-2）进行重结晶，加热 15 min 后趁热抽滤除去活性炭，再冷却结晶，抽滤得成品，用滤纸干燥后，取部分测熔点，并记录数据。将烘干后的对甲基乙酰苯胺与重结晶后的对甲基乙酰苯胺一起称重，记录数据。

2. 对乙酰氨基苯甲酸的制备

在 100 mL 烧杯 A 中加入 7.5 g（0.05 mol）对甲基乙酰苯胺、20 g 七水硫酸镁，混合均匀。在 500 mL 烧杯 B 中加入 19 g 高锰酸钾（不可过量）和 420 mL 冷水，充分溶解。从 B 中移出 20 mL 溶液于 100 mL 烧杯 C 中，再将 A 中的混合物倒入 B 中，加热至 85 ℃，同时不停搅拌，直至溶液用滤纸检验时无紫环出现，再边搅拌边逐滴加入 C 中溶液，至用滤纸检验紫环消褪很慢时停止滴加。趁热抽滤，在滤液中加入盐酸至生成大量沉淀，抽滤，收好产品。

3. 对氨基苯甲酸的制备

称量上一步产物，并测熔点，记录数据。在 100 mL 圆底烧瓶中加入 5.39 g 对乙酰氨基苯甲酸和 40.0 mL 18%盐酸溶液，小火回流 30 min。然后冷却，加入 50 mL 水，用 10%氨水溶液调节 pH 至有大量沉淀生成（此时 pH≈5），抽滤，干燥产品，称重，测熔点，记录数据。

4. 对氨基苯甲酸乙酯的制备

在 100 mL 圆底烧瓶中加入 1.09 g 对氨基苯甲酸、15.0 mL 95%乙醇溶液，旋摇圆底烧瓶，使其尽早溶解，之后在冰水冷却下，加入 1 mL 浓硫酸，生成沉淀，加热回流 30 min。然后将反应混合物转入 250 mL 烧杯中，加入 10%碳酸钠溶液至无气体产生，继续加入 10%碳酸钠溶液至 pH≈9（有硫酸钠沉淀产生，沉淀中夹杂产物药品），抽滤，将溶液转入分液漏斗，沉淀用乙醚洗涤两次（每次用 5 mL 乙醚），并将洗涤液并入分液漏斗，用乙醚萃取两次（每次用 20 mL 乙醚），合并乙醚层（乙醚层是分液漏斗的上层），用无水硫酸镁干燥后，倒入 50 mL 圆底烧瓶中，搭建装置（见图 4-27-3），水浴蒸馏回收反应混合物中的乙醚和乙醇（温度在 70~80 ℃）。再在圆底烧瓶中加入 7 mL 50%乙醇溶液（用无水乙醇和水按 1∶1 的比例配置）和适量活性炭，加热回流 5 min 进行重结晶。然后，趁热抽滤除去活性炭，将滤液置于冰水中冷却结晶，再抽滤，干燥产品后称重，测熔点。

注意：

（1）第 4 步反应时加料次序不要颠倒，加热时用小火。还原反应中，使用的浓硫酸切不可过量，否则浓氨水用量将增加，最后导致溶液体积过大，造成产品损失。如果溶液体积过大，则需要浓缩。浓缩时，氨基可能发生氧化而引入有色杂质。

（2）对氨基苯甲酸是两性物质，酸化或碱化时都要小心控制酸、碱用量。特别是在滴加冰醋酸时，需小心慢慢滴加，避免过量或形成内盐。

（3）浓硫酸的用量较多，一是催化剂，二是脱水剂。加浓硫酸时要慢慢滴加且不断振荡，以免加热引起炭化。酯化反应中，仪器需干燥。酯化反应结束时，反应液要趁热倒出，冷却后可能有苯佐卡因硫酸盐析出。碳酸钠溶液的用量要适宜，太少产品不析出，太多则可能使酯水解。

五、实验关键及注意事项

（1）实验中，第一步将对甲苯胺用冰醋酸处理转变为相应的酰胺，是为了在第二步高锰酸钾氧化反应中保护氨基，避免氨基被氧化，形成的酰胺在所用氧化条件下是稳定的。第二步在溶液中加入少量的七水硫酸镁，因为溶液中有氢氧根离子生成，而七水硫酸镁则作为缓冲剂，以保证溶液碱性不致变得太强而使酰胺基发生水解。该反应产物是羧酸盐，经酸化后会生成羧酸，可从溶液中析出。反应时，高锰酸钾不可过量，若过量会影响后续反应。第

第 4 章　制备实验

三步的反应在稀酸溶液中很容易进行，故以 7~8 mL 盐酸溶液/每克产品的比例加入 18%盐酸溶液。

（2）在实验过程中，重结晶时，活性炭加入量的多少直接影响产品中混杂的其他色素是否被吸附干净，这会影响产品的颜色；反应物的加入量过多或过少，抽滤是否完全也会影响产品的纯度。

（3）本次实验还需萃取操作。萃取常用的仪器是分液漏斗，进行萃取操作前，应先对分液漏斗进行检漏，确定不漏后方可使用。萃取时，先将待萃取的溶液倒入分液漏斗中，再加入萃取剂，用塞子塞紧，然后，将漏斗放平，上下振摇，使两种液体充分接触，其间要注意不断放气，以免内部压力过大。萃取完毕后，溶液分上下两层，下层溶液由下口经活塞放出，而上层溶液直接从上口倒出。萃取操作时极易造成产品的损失以及杂质的混入。

六、主要试剂及产物的物理常数（文献值）

主要试剂及产物的物理常数如表 4-27-1 所示。

表 4-27-1　主要试剂及产物的物理常数

名称	相对分子质量	性状	折射率	相对密度	熔点/℃	沸点/℃	溶解度/[g·(100 mL 溶剂)$^{-1}$]		
							水	醇	醚
对甲苯胺	107.05	白色粉末状晶体	1.553 2	1.05	43	200	微	∞	∞
对甲基乙酰苯胺	149.19	浅黄色块状晶体	—	1.212	148	307	微	∞	∞
对乙酰氨基苯甲酸	179.17	淡粉色粉末状晶体	—	—	259	—	微	∞	∞
对氨基苯甲酸	137.14	淡黄色针状晶体	—	1.374	187	—	微	∞	∞
对氨基苯甲酸乙酯	165.19	奶白色粉末状晶体液体	—	1.117 4	88	172	难	∞	∞

七、思考题

（1）本实验中加入浓硫酸的量远多于催化量，为什么？加入浓硫酸时产生的沉淀是什么物质？

（2）酯化反应结束后，为什么要用碳酸钠溶液而不用氢氧化钠进行处理？为什么不处理至 pH 值为 7 而要使其 pH 值为 9 左右？

实验二十八　安息香的辅酶合成

【实验目的】

（1）学习安息香缩合的原理。
（2）掌握安息香缩合反应的实验操作方法。
（3）学习有机合成中连续操作的方法。

【实验内容】

一、实验原理

众所周知，羰基化合物主要发生亲核加成反应，即

$$\text{C=O} + :B \longrightarrow \text{C}-\text{O}^-$$

但是，是否可以让羰基碳原子带有一对电子，将其亲电性变为亲核性呢？这是化学家所期望的工作，又称为羰基的极性转换。关于这方面的工作，已有研究得出：在醛羰基上加入一个基团（Y），可以在某些条件下形成碳负离子：

$$\text{R—CHO} \xrightarrow{X-Y} \text{R—CH(OX)(Y)} \xrightarrow{-H^+} \text{R—C:(OX)(Y)}$$

由醛所形成的碳负离子具有亲核性，可以与亲电试剂（如羰基）发生反应，生成加成物，加成物再经分解可形成羰基：

$$\text{R—C:(OX)(Y)} + \text{C=O} \longrightarrow \text{R—C(OX)(Y)—C—OH} \xrightarrow{-X-Y} \text{R—C(=O)—C—OH}$$

芳香醛在氰化钠或氰化钾的作用下，分子间发生缩合生成二苯羟乙酮（安息香）的反应，被称为安息香缩合。最为典型的是苯甲醛的缩合反应：

$$2\ \text{PhCHO} \xrightarrow{CN^-} \text{Ph-CH(OH)-C(=O)-Ph}$$

反应的机理为

$$\text{PhCHO} + \text{HCN} \rightleftharpoons \text{Ph-CH(OH)(CN)} \rightleftharpoons [\text{Ph-C:(OH)(CN)} \leftrightarrow \text{Ph-C(OH)=C=N:}]$$

$$\text{Ph-C:(OH)(CN)} + \text{Ph-CHO} \xrightarrow{-CN^-} \text{Ph-CH(OH)-C(=O)-Ph}$$

首先苯甲醛在氰化钠或氰化钾的作用下形成一个酰基碳负离子的等价物，然后作为亲核试剂对另一分子的羰基进攻，再经消除反应得到缩合产物。由于氰化物有剧毒，会给实际操作带来不便。因此，现在的安息香缩合是将氰化物替换为同样具有催化作用的辅酶维生素B1（简称 VB1）。VB1 又称为硫胺素，是一个噻唑生成的季铵盐，其结构式如下：

VB1 对安息香缩合具有催化作用，是由于 VB1 噻唑环上氮原子和硫原子邻位上的氢具有明显的酸性，因而可在碱的作用下离去，生成碳负离子，然后与苯甲醛作用。

作用生成的中间产物可以经分离得到。中间产物通过脱 H^+ 形成烯醇式，并与另一分子的苯甲醛作用生成缩合物。缩合物再经水解得到最终产物。

主要的副反应有

二、实验仪器及试剂

（1）仪器：标准磨口玻璃仪器。

（2）试剂：VB1、苯甲醛（新蒸）、10%氢氧化钠溶液、95%乙醇。

三、实验步骤

在 100 mL 圆底烧瓶中加入 1.8 g VB1 和 5 mL 水，固体溶解后加入 15 mL 95%乙醇，并将圆底烧瓶置于冰浴中充分冷却。然后，取冷的 5 mL 10%氢氧化钠溶液，在冰浴条件下，逐滴加入烧瓶中。注意，当碱液加到一半时溶液呈淡黄色，且随着碱液的加入，溶液颜色不断变深，控制溶液的 pH 值在 8~9。

量取 10 mL 新蒸的苯甲醛，倒入混合物中，加入沸石后于 60~75 ℃ 水浴上加热 90 min，得到呈橘黄色或橘红色的均相溶液。将此均相溶液置于冰浴中冷却，即有白色晶体析出。抽滤后，用 50 mL 冷水洗涤，经干燥得粗产品 7~7.5 g，熔点为 132~134 ℃（产率 60%~70%）。最后，用 95%乙醇进行重结晶，每克粗产品约需乙醇 6 mL。纯化后产物为白色结晶，熔点为 134~136 ℃。将做好的产品留作下次实验的原料。

四、实验关键及注意事项

（1）溶液的 pH 值是该实验成败的关键，一定要仔细调节。

（2）VB1 易受热变质，失去催化作用，因此应将其放入冰箱内冷藏保存。

（3）VB1 在氢氧化钠溶液中不稳定（其噻唑环容易在碱性条件下开环）。因此，反应前 VB1 溶液及氢氧化钠溶液必须用冰水冷透。

（4）苯甲醛极易被空气中的氧所氧化，应采用新蒸的苯甲醛原料。

五、思考题

为什么加入苯甲醛后，反应混合物要控制 pH 值？溶液 pH 值过低有什么不良影响？

实验二十九　叔戊醇的脱水

【实验目的】

（1）掌握叔戊醇脱水的基本原理。

（2）熟悉蒸馏装置和分馏装置的使用。

（3）复习洗涤操作。

【实验内容】

一、实验原理

反应式为

$$H_3C-\underset{H_2}{C}-\underset{\underset{OH}{|}}{\overset{\overset{CH_3}{|}}{C}}-CH_3 \xrightarrow{\text{浓}H_2SO_4} H_3C-\underset{H}{\overset{\overset{CH_3}{|}}{C}}=CH-CH_3 + H_2C=\underset{}{\overset{\overset{CH_3}{|}}{C}}-\underset{H_2}{C}-CH_3$$

二、实验仪器及试剂

（1）仪器：半微量玻璃仪器一套。
（2）试剂：叔戊醇、浓硫酸、10%氢氧化钠溶液、无水硫酸镁。

三、实验步骤

配制硫酸溶液：将盛有 9 mL 水的烧杯置于冰水浴中，一边用玻璃棒搅拌，一边向烧杯中缓慢加入 4.5 mL 浓硫酸。

将冷却的硫酸溶液倒入 50 mL 圆底烧瓶中，边冷却边加入 9 mL 叔戊醇。溶液混合均匀后投入数粒沸石，安装好装置。用小火缓慢加热混合物，沸腾后继续小火加热，直至烃类产物被完全蒸出。将蒸出液移至分液漏斗中，先加入 2.5 mL 10%氢氧化钠溶液进行洗涤除酸，分出的有机相，再用 2.5 mL 水洗涤除去微量的盐与碱。放出水层，有机层倒入干燥的 25 mL 锥形瓶中，再用无水硫酸镁干燥。

干燥后的 2-甲基-1-丁烯和 2-甲基-2-丁烯用分馏装置进行分馏，收集 40 ℃之前的馏分。

四、实验关键及注意事项

（1）在冰水浴中进行浓硫酸的稀释有利于快速降低体系温度，减少操作风险。
（2）将叔戊醇加入硫酸溶液时应注意保持混合液的冷却状态，避免温度升高使叔戊醇挥发。

五、思考题

（1）加入浓硫酸的作用是什么？
（2）本实验中为什么有两种主要产物？哪一种的产量更多？为什么？

实验三十　无水乙醇的制备

【实验目的】

（1）掌握无水溶剂制备的基本方法。
（2）复习回流、蒸馏等基本操作。

【实验内容】

一、实验原理

为了制得乙醇含量为 99.5% 的无水乙醇，实验室常采用简单的生石灰法，即利用生石灰与工业乙醇（95%乙醇）中的水反应生成不挥发、一般加热不分解的熟石灰（氢氧化钙），以除去工业乙醇中掺杂的水。

$$CaO + H_2O \longrightarrow Ca(OH)_2$$

为了使反应更充分，可以将工业乙醇与生石灰混合放置过夜后，再进行一段时间的加热回流，利用蒸馏法进行收集。这样制得的无水乙醇可满足一般的实验要求。

若要制得绝对无水的乙醇（纯度>99.95%），可利用金属钠进一步处理，除去无水乙醇中残余的微量水分。

二、实验仪器及试剂

（1）仪器：半微量玻璃仪器一套。
（2）试剂：工业乙醇、生石灰、氯化钙。

三、实验步骤

在 100 mL 圆底烧瓶中，加入 50 mL 工业乙醇和 13 g 生石灰，用橡皮塞塞紧瓶口，放置过夜。实验时，拔去橡皮塞，装上球形冷凝管，并在冷凝管上端接氯化钙干燥管。将混合物于水浴上回流加热 2~3 h。稍冷后取下冷凝管，改成蒸馏装置。继续用水浴加热，蒸去前馏分后，用干燥的抽滤瓶或蒸馏瓶作为接收器，接收器支管接氯化钙干燥管，使与干燥的大气相通。蒸馏至几乎无液滴流出为止。称量无水乙醇的质量或体积，计算回收率。

四、实验关键及注意事项

注意加热回流和蒸馏过程中两次干燥管的使用，避免水蒸气再次进入无水乙醇中。

五、思考题

（1）实验前为何要将生石灰浸于乙醇中放置过夜？
（2）可利用金属钠进一步处理，除去无水乙醇中残余的微量水分，原理是什么？

实验三十一　从槐花米中提取芦丁

【实验目的】

（1）学习黄酮苷类化合物的提取方法。
（2）掌握趁热过滤及重结晶等基本操作。

【实验内容】

一、实验原理

芦丁（Rutin）又称芸香苷（Rutioside），有调节毛细血管渗透性的作用，临床上用作毛细血管止血药，并可作为治疗高血压症的辅助药物。

芦丁存在于槐花米和荞麦叶中。槐花米是槐系豆科槐属植物的花蕾，芦丁含量高达12%~16%。荞麦叶中的芦丁含量为8%。芦丁是黄酮类植物的一种成分，黄酮类植物成分是存在于植物界并具有黄酮基本结构的一类化合物。就黄色色素而言，它们的分子中都有一个酮式羰基，因为显示黄色，所以称为黄酮。黄酮基本结构如下：

中草药中的黄酮类化合物几乎都带有一个以上的羟基，还可能有甲氧基、烃基、烃氧基等其他的取代基团。3、5、7、3′、4′位置上有羟基或甲氧基的机会最多。6、8、1′、2′位置上有取代基的成分比较少见。由于黄酮类化合物结构式中的羟基较多，大多数情况下是一元苷，也有二元苷。芦丁是黄酮苷，其结构式如下：

二、实验仪器及试剂

（1）仪器：烧杯、电热套、真空泵。
（2）试剂：槐花米、饱和石灰水溶液、15%盐酸溶液。

三、实验步骤

称取 3 g 槐花米于研钵中研成粉末，倒入 50 mL 烧杯中，加入 30 mL 饱和石灰水溶液，加热煮沸，并不断搅拌，液体沸腾 15 min 后，抽滤，滤渣再用 20 mL 饱和石灰水煮沸 10 min，抽滤。合并两次滤液，用 15%盐酸溶液处理，调节滤液 pH=3~4 后，放置 1~2 h 使沉淀完全，再进行抽滤，水洗，得芦丁粗产物。

将芦丁粗产物倒入 50 mL 烧杯中，加入 30 mL 水，加热煮沸，并不断搅拌，同时缓慢加入约 10 mL 饱和石灰水溶液，调节混合物 pH＝8~9。趁热过滤，滤液倒入 50 mL 烧杯中，用 15%盐酸溶液调节 pH＝4~5，静置 30 min，芦丁以浅黄色结晶析出，抽滤，水洗，烘干得芦丁纯品。

从槐花米中提取芦丁的实验流程如图 4-31-1 所示。

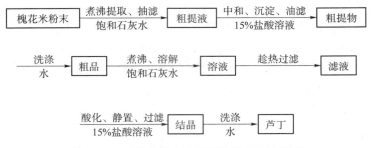

图 4-31-1　从槐花米中提取芦丁的实验流程

四、实验关键及注意事项

（1）加入饱和石灰水溶液，既可以达到碱溶解提取芦丁的目的，又可以除去槐花米中大量的多糖黏液质。

（2）pH 值过低会使芦丁形成氧䥽盐而增加了水溶性，降低产率，因此应仔细调节 pH 值。

五、思考题

（1）为什么可以用碱法从槐花米中提取芦丁？
（2）怎样鉴别芦丁？

实验三十二　透明皂的制备

【实验目的】

（1）了解透明皂的性能、特点和用途。
（2）熟悉配方中各原料的作用。
（3）掌握透明皂制备的操作技巧。

【实验内容】

一、实验原理

透明皂是以牛油、椰子油、蓖麻油等含不饱和脂肪酸较多的油脂为原料，通过与氢氧化钠发生皂化反应制得，反应式如下：

$$\begin{array}{l}CH_2OOCR_1\\ |\\ CH_2OOCR_2\\ |\\ CH_2OOCR_3\end{array} + 3NaOH \longrightarrow \begin{array}{l}CH_2OH\\ |\\ CHOH\\ |\\ CH_2OH\end{array} + R_1COONa + R_2COONa + R_3COONa$$

反应后不用盐析，生成的甘油留在体系中有助于增加产品的透明度。外加乙醇、蔗糖等透明剂，以及结晶阻化剂也可有效促使肥皂透明。制得的透明皂可用作皮肤清洁用品。

透明皂的配方如表 4-32-1 所示。

表 4-32-1 透明皂的配方

组分	质量分数/%	组分	质量分数/%
牛油	13	结晶阻化剂	2
椰子油	13	30%氢氧化钠溶液	20
蓖麻油	10	95%乙醇	16
蔗糖	10	甘油	3.5
蒸馏水	10	香蕉香精及色素	适量

二、实验仪器及试剂

（1）仪器：烧杯、电热套、真空泵、漏斗。
（2）试剂：30%氢氧化钠溶液、95%乙醇、牛油、椰子油、蓖麻油、甘油、蔗糖、香蕉香精及色素。

三、实验步骤

（1）于 250 mL 烧杯中加入 30%氢氧化钠溶液 20 g，95%乙醇 6 g，混匀备用。
（2）在 500 mL 烧杯中依次加入牛油 13 g，椰子油 13 g，放入 75 ℃ 热水浴中混合熔化，如有杂质，应用漏斗配加热过滤装置趁热过滤，保持油脂澄清。然后加入蓖麻油 10 g（长时间加热易使颜色变深），混溶均匀。快速倒入步骤（1）配置的碱液，匀速加热搅拌 1.5 h。加热过程中因乙醇不断挥发，混合物黏度增大，应不断补充乙醇，保持混合物的澄清。
（3）另取一只 50 mL 烧杯，加入甘油 3.5 g，蔗糖 10 g，加蒸馏水 10 mL，搅拌均匀，预热至 80 ℃，备用。
（4）将步骤（3）配置的物料加入步骤（2）的烧杯中，搅拌均匀，降温至 60 ℃。加入适量香蕉香精及色素，搅匀后倒入冷水冷却的冷模或大烧杯中。混合物充分冷却凝固后，即得到透明、光滑的透明皂。

四、实验关键及注意事项

（1）乙醇在加热过程中不断挥发，因此应注意乙醇的补加。
（2）在加入香蕉香精的同时还可加入色素，得到透明、光滑且有颜色的透明皂。

五、思考题

（1）为什么制备透明皂不用盐析，反而加入甘油？
（2）为什么蓖麻油不与其他油脂一起加入，而在加碱前加入？
（3）制透明皂若油脂不干净该怎样处理？

实验三十三　从丁香花中提取合成香兰素

A　水蒸气蒸馏提取粗产品

【实验目的】

（1）熟悉和掌握水蒸气蒸馏法的原理。
（2）掌握萃取的原理和操作方法。

【实验内容】

一、实验原理

香兰素（香兰醛）是一种常用香料，本实验以丁香花干为原料，经过提取和多步合成最终产出香兰素。本实验综合了蒸馏、萃取、薄层色谱等多种实验操作。

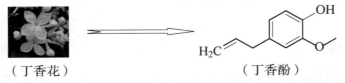

（丁香花）　　　　　　　　　（丁香酚）

1. 水蒸气蒸馏原理

水蒸气蒸馏是把不溶于水的有机化合物（液体或固体）和水一起蒸馏或同时导入水蒸气一起蒸馏的过程。其原理是利用两种互不相溶液体所生成混合物的蒸气总压力等于各纯粹成分的蒸气压力之和，因此该系统任何混合物的沸点均保持恒定不变，但低于各纯粹成分沸点。

2. 萃取原理

萃取是利用物质在两种不互溶（或微溶）溶剂中溶解度或分配比的不同来达到分离、提取或纯化目的的一种操作方法。萃取是有机化学实验中用来提取或纯化有机化合物的常用方法之一。应用萃取可以从固体或液体混合物中提取出所需物质，也可以用来洗去混合物中少量杂质。通常称前者为抽取或萃取，后者为洗涤。

二、实验仪器和试剂

（1）仪器：圆底烧瓶、温度计、蒸馏头、电热套、直形冷凝管、接引管、锥形瓶。
（2）试剂：干丁香花粉末、甲基叔丁基醚、无水硫酸镁。

三、实验步骤

1. 水蒸气蒸馏

将已研磨好的 5.0 g 干丁香花粉末加入 100 mL 圆底烧瓶中,再加水直至淹没干丁香花粉末(不超过圆底烧瓶的 2/3),摇匀后加入几粒沸石,组装好蒸馏装置,用电热套进行加热,使其沸腾,蒸馏时间为 2 h,直至流出液滴澄清,锥形瓶里收集了混合液 V mL。实验装置如图 4-33-1 所示。将收集好的混合液用保鲜膜封好,放入冷藏室冷藏一夜。

2. 萃取

分三次进行萃取,每次取甲基叔丁基醚 20 mL 作萃取剂加入混合液中,合并上层有机层。用无水硫酸镁干燥。

3. 浓缩

将步骤 2 所萃取出来的甲基叔丁基醚和丁香酚的混合液装入 100 mL 圆底烧瓶中,加入几粒沸石,用电热套或水浴 80 ℃ 进行加热,采用蒸馏装置蒸去萃取剂,得到丁香酚粗品。

图 4-33-1　实验装置

四、实验关键及注意事项

因为水与甲基叔丁基醚互不相溶,丁香酚能溶解在甲基叔丁基醚中,所以会分成两层。由于水的密度大于甲基叔丁基醚,所以分液漏斗中的上层是甲基叔丁基醚和丁香酚的混合物,下层是水。

五、主要试剂及产物的物理常数

主要试剂及产物的物理常数如表 4-33-1。

表 4-33-1　主要试剂及产物的物理常数

名称	相对分子质量	性状	折射率	相对密度	熔点/℃	沸点/℃
丁香酚($C_{10}H_{12}O_2$)	164.2	无色至淡黄色微稠厚液体	1.541	1.067	-12~10	254
香兰素($C_8H_8O_3$)	152.15	白色针状结晶或浅黄色晶体粉末	—	1.056	81~83	285
甲基叔丁基醚($C_5H_{12}O$)	88.15	无色液体,具有醚样气味	1.375	0.74	-110	55.2

六、思考题

(1) 丁香花的主要成分是什么?

(2) 如何检测产品的纯度和结构?

B 乙酰基异丁香酚的氧化和磺化反应

【实验目的】

(1) 掌握碳碳双键的氧化原理和方法。
(2) 掌握乙酰基的磺酸化反应原理和方法。

【实验内容】

一、实验原理

二、实验仪器及试剂

(1) 仪器：水浴锅、循环水真空泵、圆底烧瓶、恒压滴液漏斗、温度计。
(2) 试剂：乙酰基异丁香酚、四氢呋喃、高锰酸钾、盐酸（1∶1）、亚硫酸氢钠、甲基叔丁基醚。

三、实验步骤

在 100 mL 的圆底烧瓶中加入 0.71 g 乙酰基异丁香酚和 30 mL 的四氢呋喃（THF），轻轻摇晃使其溶解。另外配置 10 mL 浓度约 10% 的高锰酸钾溶液。用恒压滴液漏斗慢慢滴加高锰酸钾溶液到圆底烧瓶中，45 ℃水浴反应 1.5 h。反应装置如图 4-33-2 所示。

准备 13 mL 6 mol/L HCl 溶液和 20%亚硫酸氢钠溶液 30 mL（7 g 固体加 27 mL 去离子水）。

第一步氧化反应结束后，抽滤除掉反应生成的固体，保留溶液。每次用 5 mL 的甲基叔丁基醚来萃取氧化后的产品，分离除去水相，萃取 3 次，合并有机相到 100 mL 圆底烧瓶中。加13 mL 6 mol/L 的盐酸到溶液中，搅拌加热 30 min（60 ℃）回流水解。冷却后用 15 mL 的甲基叔丁基醚萃取 3 次，合并醚相。

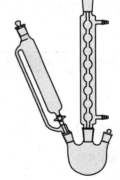

图 4-33-2 反应装置

向醚溶液中每次加 7 mL 20%亚硫酸氢钠溶液，振动 90 s，重复 4 次，得到磺化的香兰素。

四、实验关键及注意事项

（1）选用必要的实验保护装备。

（2）不能把固体高锰酸钾直接加到四氢呋喃溶剂中，防止引起溶液爆炸。

（3）四氢呋喃和醚都是易燃物。

五、思考题

（1）碳碳双键的氧化反应有哪些氧化剂？反应要注意哪些问题？

（2）为什么要进行磺化反应？

第5章 综合实验

实验一 橙皮中柠檬烯的提取及气相色谱分析

A 橙皮中柠檬烯的提取

【实验目的】

(1) 了解橙皮中提取柠檬烯的原理及方法。
(2) 复习水蒸气蒸馏原理及应用。

【实验内容】

一、实验原理

精油是从香料植物或泌香动物中加工提取所得到的挥发性含香物质的总称。其大部分具有令人愉快的香味，主要组成为单萜类化合物。在工业上经常用水蒸气蒸馏的方法来收集精油，柠檬、橙子和柚子等水果果皮通过水蒸气蒸馏得到一种精油，其主要成分（90%以上）是柠檬烯。

柠檬烯属于萜类化合物。萜类化合物是指基本骨架可看作由两个或更多的异戊二烯以头尾相连而构成的一类化合物。根据分子中的碳原子数目可以分为单萜、倍半萜、多萜等。柠檬烯是一环状单萜类化合物，它的结构式如下：

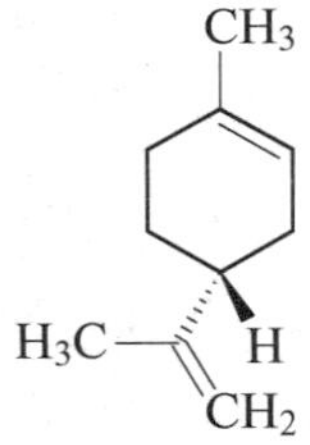

柠檬烯分子中有一个手性碳原子，故存在光学异构体。存在于水果果皮中的天然柠檬烯是以（+）或 $D-$（右型）的形式出现，通常称为 $D-$柠檬烯，它的绝对构型是 R 型。

本实验中，我们将从橙皮中提取柠檬烯，将橙皮进行水蒸气蒸馏，用二氯甲烷萃取馏出液，然后蒸去二氯甲烷，留下的残液为橙油，主要成分是柠檬烯。分离得到的产品可以通过测定折射率、旋光度和红外、核磁共振谱进行鉴定，同时用气相色谱分析分离产品的纯度。

二、实验仪器及试剂

（1）仪器：循环水真空泵、直形冷凝管、接引管、圆底烧瓶、分液漏斗、蒸馏头、锥形瓶。

（2）试剂：新鲜橙皮、二氯甲烷、无水硫酸钠。

三、实验步骤

将 2~3 个新鲜橙皮剪成极小碎片后，放入 500 mL 圆底烧瓶中，加入 250 mL 水，直接进行水蒸气蒸馏。待馏出液达 50~60 mL 时即可停止。这时可观察到馏出液水面上浮着一层薄薄的油层。将馏出液倒入 125 mL 分液漏斗中，每次用 10 mL 二氯甲烷萃取，萃取 3 次。将萃取液合并，放在 50 mL 锥形瓶中，用无水硫酸钠干燥。将干燥液滤入 50 mL 圆底烧瓶中。配上蒸馏头，用普通蒸馏方法水浴蒸去二氯甲烷。待二氯甲烷基本蒸完后，再用水泵减压抽去残余的二氯甲烷，瓶中留下的少量橙黄色液体即橙油。

纯柠檬烯的沸点为 176 ℃，折射率 $n_D^{20} = 1.4727$，比旋光度 $[\alpha]_D^{20} = +125.6°$。

四、实验关键及注意事项

（1）橙皮要新鲜，将橙皮剪成小碎片。
（2）产品中二氯甲烷一定要抽干，否则会影响产品的纯度。
（3）得到的橙油用减量法称重（瓶子预先称重）。在实验 B 中进行纯度分析。

五、思考题

能进行水蒸气蒸馏的物质必须具备哪几个条件？

B 橙皮提取物的气相色谱分析

【实验目的】

（1）掌握气相色谱仪的基本结构和工作原理。
（2）学会使用 SP-6800 气相色谱仪和色谱工作站。
（3）学会使用色谱保留值进行定性、归一化定量的方法。

【实验内容】

一、实验原理

1. 用色谱保留值进行定性

各种物质在一定的色谱条件下有各自确定的保留值，因此，保留值可作为一种定性指标。对于组分不太复杂的试样，且其中待测组分均已知，这种方法简单易行。

2. 气相色谱归一化法定量

色谱定量分析是基于被测物质的量（m_i）与其峰面积（A_i）的正比关系。当试样所有组分都能流出色谱柱，并在色谱图上显示完全分离的色谱峰时，可以使用归一化法定量。其中组分 i 的百分含量可由式（5-1）计算：

$$C_i\% = \left(m_i \Big/ \sum_{i=1}^{n} m_i\right) \times 100\% = \left(f_i A_i \Big/ \sum_{i=1}^{n} f_i A_i\right) \times 100\% \quad (5\text{-}1)$$

式中，C_i 是组分 i 的百分含量；f_i 是组分 i 的相对校正因子。

由于同一检测器对不同物质不同的响应值，所以两个等量的物质，出峰面积往往不相等。因此，不能直接用峰面积来计算物质的含量，而需要对检测器响应值进行校正，为此引入"定量校正因子"的概念。在一定的操作条件下，$m_i = f_i A_i$，式中 f_i 为相对校正因子，表示单位峰面积代表的物质质量。f_i 与仪器灵敏度有关，不易准确测定。实际工作中常用相对校正因子，即某物质与标准物质的绝对校正因子的比值。相对校正因子可以通过实验测定，也可以通过查阅有关手册获得。

如果各组分的相对校正因子值相同或相近，式（5-1）可以简化为

$$C_i\% = \left(A_i \Big/ \sum_{i=1}^{n} A_i\right) \times 100\% \quad (5\text{-}2)$$

归一化法定量的优点是简便、准确，操作条件不需要严格控制，是一种常用的定量分析方法。此法的缺点是不管试样中某些组分是否需要测定，都必须全部分离流出，并获得可测量的信号，而且各组分的相对校正因子应是已知的。

二、实验仪器及试剂

（1）仪器：

①SP-6800 型或其他型号的气相色谱仪（配氢火焰离子化检测器或热导检测器）、毛细管色谱柱（固定相：SE-30；担体：硅烷化白色担体；0.32 mm×30 m×0.5 μm）。

②FJ-2000 色谱工作站，或其他型号的色谱工作站、积分仪或记录仪，1 μL 微量进样器（若用热导检测器，则用 10 μL 的微量进样器）。

③高纯氮气（载气）和氢气钢瓶、水蒸气发生器。

（2）试剂：柠檬烯标样。

三、实验步骤

（1）开启仪器，设定操作条件。操作条件为：柱温 120 ℃，汽化温度 200 ℃，检测器温度 200 ℃，载气流量 30~40 mL/min（φ3 mm 柱）。

（2）开启色谱工作站，进入"样品采集"窗口。

（3）当色谱仪温度达到设定值后，氢火焰离子检测器点火。待仪器的电路、气路系统达到平衡，工作站采样窗口显示的基线平直后即可进样。

（4）测定橙皮提取物：将实验 A 得到的橙皮提取物用乙醇稀释数倍。用微量进样器吸取 0.1~0.3 μL 样品进样，用色谱工作站采集记录色谱数据并记录色谱图文件名。重复进样两次。

（5）测定柠檬烯标样：在相同的条件下，吸取 0.3 μL 柠檬烯标样（已稀释）进样测

定。用色谱工作站采集色谱数据，并记录色谱图文件名。重复进样两次。

（6）数据处理和记录：进入色谱工作站的数据处理系统，依次打开色谱图文件并对色谱图进行处理，同时记下各色谱峰的保留时间和峰面积。

（7）实验完毕，用乙醚抽洗微量进样器数次，并关闭仪器和计算机。

四、实验关键及注意事项

（1）将橙皮提取物气相色谱图中各色谱峰的保留时间与柠檬烯的保留时间作比较，确定橙皮提取物中哪一个色谱峰代表柠檬烯。

（2）用归一化法计算橙皮提取物中柠檬烯的含量（计算时应不计溶剂峰）。

（3）氢火焰离子化检测器的点火必须在色谱仪的柱温、检测器温度、进样温度达到设定值后方可进行。点火之后应检查点火是否成功。

（4）进样操作姿势是否正确、一致，将影响实验结果的重复性。

（5）橙皮提取物中还有柠檬醛、辛醛、芳香醇、香叶醇等一些含氧化合物，它们在检测器上的响应值与柠檬烯不同。但由于未对橙皮提取物做全面的定性分析，不知道每一个色谱峰所代表的物质，因此无法求得它们的相对校正因子。故本实验用式（5-2）计算柠檬烯的含量。

（6）进样之前应用试样抽洗微量进样器数次，以保证进样器不受别的样品污染。进样之后，应用乙醚抽洗进样器数次，以防止其堵塞。

五、思考题

（1）为什么用水蒸气蒸馏法得到的橙皮提取物可以用色谱归一化法定量？如果是溶剂萃取法得到的橙皮提取物用该法定量分析柠檬烯的含量可能会出现什么问题？

（2）从有关气相色谱的参考书或手册中查阅烯烃、醇和醛类化合物的定量校正因子，讨论本实验定量结果偏低还是偏高。

实验二　茶叶中咖啡因的提取及紫外光谱分析

【实验目的】

（1）了解通过连续萃取从茶叶中提取咖啡因的方法。
（2）初步掌握索氏提取器的使用方法。
（3）学习用简单的升华操作提纯固体有机化合物。
（4）了解紫外可见分光光度计的基本原理、仪器结构，掌握紫外可见分光光度计的使用。

【实验内容】

一、实验原理

1. 茶叶和咖啡的基本化学知识

茶叶中含有多种生物碱，咖啡因的含量为2%～4%，另外还含有11%～12%的丹宁（鞣酸)、类黄酮色素、叶绿素、蛋白质等。咖啡因（Caffeine）是杂环化合物嘌呤的衍生物，它的化学名称是1,3,7-三甲基-2,6-二氧嘌呤。其结构式如下：

咖啡因为无色针状晶体，味苦，能溶于水（2%）、乙醇（2%）、氯仿（12.5%）等。含结晶水的咖啡因加热到 100 ℃ 即失去结晶水，并开始升华，120 ℃ 时升华显著，178 ℃ 升华很快。无水咖啡因的熔点为 234.5 ℃。此实验中用 95% 乙醇在索氏提取器中连续提取茶叶中的咖啡因，将不溶于乙醇的纤维素和蛋白质等分离，所得萃取液中除了咖啡因外，还含有叶绿素、丹宁及其水解物等，蒸去溶剂，在粗咖啡因中拌入生石灰，与丹宁等酸性物质反应生成钙盐，游离的咖啡因就可通过升华纯化。工业上，咖啡因主要通过人工合成制得，它具有刺激心脏、兴奋大脑神经和利尿等作用，因此可作为中枢神经兴奋药，它也是复方阿司匹林药物的组分之一。

2. 咖啡因含量的测定

咖啡因的三氯甲烷溶液在 276.5 nm 波长下有最大吸收，其吸收值的大小与咖啡因的浓度成正比，从而可进行定量测定。

二、实验仪器及试剂

（1）仪器：索氏提取器、蒸发皿、紫外可见分光光度计、圆底烧瓶、电热套、玻璃漏斗、具塞试管。

（2）试剂：95%乙醇、茶叶、生石灰粉、无水硫酸钠、三氯甲烷、1.5%高锰酸钾溶液、10%无水亚硫酸钠与10%硫氰酸钾混合溶液、15%磷酸溶液、20%氢氧化钠溶液、20%乙酸锌溶液、10%亚铁氰化钾溶液、咖啡因标准样品（纯度98%以上）、咖啡因标准储备液（0.5 mg/mL）。

三、实验步骤

1. 从茶叶中提取咖啡因

（1）称取 10 g 茶叶末，放入折叠好的滤纸套筒中，再将滤纸套筒放入索氏提取器中。在圆底烧瓶内加入 80 mL 95%乙醇，用水浴加热，连续提取到提取液颜色很浅为止，需 2~3 h。待冷凝液刚刚虹吸下去时，立即停止加热，稍冷后，改成蒸馏装置，把提取液中的大部分乙醇蒸出。趁热把瓶中残液倒入蒸发皿中，拌入 2~4 g 生石灰粉，在蒸汽浴上蒸干，使水分全部除去，冷却，擦去沾在边上的粉末，以免在升华时污染产物。

（2）升华提纯。取一只合适的玻璃漏斗，将一张刺有许多小孔的滤纸罩在蒸发皿上，用电热套小心加热升华。当纸上出现白色毛状结晶时，暂停加热，冷却至 100 ℃ 左右。揭开玻璃漏斗和滤纸，仔细地把附在纸上及器皿周围的咖啡因用小刀刮下，残渣经拌和后用较大的火再加热片刻，使升华完全。合并两次收集的咖啡因，称量，并测其熔点。

2. 咖啡因含量的测定

（1）样品准备。在100 mL烧杯中称取经粉碎成低于30目的均匀茶叶样品0.5～2.0 g，加入80 mL沸水，加盖，摇匀，浸泡2 h，然后将浸出液全部移入100 mL的容量瓶中，加入20%乙酸锌溶液2 mL，加入10%亚铁氰化钾2 mL，摇匀，用水定容至100 mL，静置沉淀，过滤。取滤液5.0～20.0 mL置于250 mL分液漏斗中，按上述操作依次加入1.5%高锰酸钾溶液5 mL、10%无水亚硫酸钠与10%硫氰酸钾混合溶液10 mL、15%磷酸溶液1 mL、50 mL三氯甲烷等进行萃取和二次萃取，制成100 mL三氯甲烷溶液，备用。

（2）标准曲线的绘制。从0.5 mg/mL的咖啡因标准储备液中，用重蒸三氯甲烷配制成浓度分别为0 μg/mL、5 μg/mL、10 μg/mL、20 μg/mL的标准系列，以重蒸三氯甲烷（浓度为0 μg/mL）作参比，调节零点，用1 cm石英比色皿于276.5 nm波长下测量吸光度，作吸光度-咖啡因浓度的标准曲线或求出直线回归方程。

（3）样品的测定。在25 mL具塞试管中，加入5 g无水硫酸钠，倒入20 mL样品的三氯甲烷制备液，摇匀，静置。将澄清的三氯甲烷用1 cm石英比色皿于276.5 nm波长下测出其吸光度，根据标准曲线（或直线回归方程）求出样品的吸光度相当于咖啡因的浓度c(μg/mL)，同时用重蒸三氯甲烷作试剂空白。

（4）样品中咖啡因含量的计算。

$$茶叶中咖啡因含量（mg/100\ g）= 1\ 000c/(mV_1)$$

式中，c为样品吸光度相当于咖啡因浓度（μg/mL）；m为称取样品的质量（g）；V_1为移取样品处理后水溶液的体积（mL）。

四、实验关键及注意事项

（1）移取溶液必须准确。
（2）试液与标准溶液的测定条件应保持一致。
（3）石英比色皿每次测定前应用试液清洗三次。

五、思考题

（1）在此实验中，加入生石灰的作用是什么？
（2）试说出索氏提取器的使用原理。
（3）是否所有的化合物都能用紫外吸收光谱进行定性和定量分析？

实验三　黄连中黄连素的提取及紫外光谱分析

A　黄连中黄连素的提取

【实验目的】

（1）通过从黄连中提取黄连素，掌握回流提取的方法。

(2) 比较索氏提取器与回流提取器的优异点。
(3) 学习掌握紫外吸收光谱的原理和应用范围。
(4) 了解紫外可见分光光度计的工作原理，学习仪器的使用方法。

【实验内容】

一、实验原理

黄连为我国名产药材之一，抗菌力很强，对急性结膜炎、口疮、急性细菌性痢疾、急性肠胃炎等均有很好的疗效。黄连中含有多种生物碱，除以黄连素（俗称小檗碱 Berberine）为主要有效成分外，还含有黄连碱、甲基黄连碱、棕榈碱和非洲防己碱等。随野生和栽培及产地不同，黄连中黄连素的含量为 4%～10%。含黄连素的植物很多，如黄柏、三颗针、伏牛花、白屈菜、南天竹等，但以黄连和黄柏含量为高。

黄连素是黄色针状体，微溶于水和乙醇，较易溶于热水和热乙醇中，几乎不溶于乙醚。黄连素的结构式以较稳定的季铵碱式为主，其结构式为

在自然界黄连素多以季铵盐的形式存在，其盐酸盐、氢碘酸盐、硫酸盐、硝酸盐均难溶于水，易溶于热水，且各种盐的纯化都比较容易。

二、实验仪器及试剂

(1) 仪器：圆底烧瓶、球形冷凝管。
(2) 试剂：黄连、乙醇、1%醋酸、浓盐酸、丙酮。

三、实验步骤

(1) 黄连素的提取：称取 3 g 中药黄连粉末，放入小圆底烧瓶中，加入 50 mL 乙醇，装上球形冷凝管，热水浴加热回流 30 min，冷却，抽滤。滤渣重复上述操作处理两次，合并三次所得滤液，在减压下蒸出乙醇（回收），直到棕红色糖浆状。

(2) 黄连素的纯化：加入 1%醋酸（30～40 mL）于糖浆状滤液中。加热使其溶解，抽滤以除去不溶物，然后于溶液中滴加浓盐酸，至溶液混浊为止（约需 10 mL），放置用冰水冷却，有黄色针状体的黄连素盐酸盐析出，抽滤，结晶用冰水洗涤两次，再用丙酮洗涤一次，自然干燥称量，计算产率。产品待鉴定。

四、实验关键及注意事项

（1）黄连素的提取回流要充分。

（2）滴加浓盐酸前，不溶物要去除干净，否则会影响产品的纯度。

五、思考题

（1）用回流的方法提取黄连素和用索氏提取器提取黄连素，哪种方法效果更好些？为什么？

（2）黄连素有哪些生理功能？

B 黄连素的紫外光谱分析

【实验目的】

（1）学习掌握紫外吸收光谱的原理和应用范围。

（2）了解紫外可见分光光度计的工作原理，学习仪器的使用方法。

【实验内容】

一、实验原理

分子吸收紫外或可见光后，能在其价电子能级间发生跃迁。有机分子中有四种跃迁类型：$\sigma \rightarrow \sigma^*$，$n \rightarrow \sigma$，$\pi \rightarrow \pi^*$，$n \rightarrow \pi^*$。不同分子因电子结构不同而有不同的电子能级和能级差，能吸收不同波长的紫外光，产生特征的紫外吸收光谱。所以，紫外及可见吸收光谱能用于有机化合物结构鉴定，它主要能提供有机物中电子结构方面的信息。在相同的测定条件下，指定波长处的吸光度与物质的浓度成正比，因此紫外吸收光谱也能用于定量分析。

检测和记录紫外及可见吸收光谱的仪器称作紫外可见光谱仪或紫外可见分光光度计（只能检测紫外光区域的仪器称作紫外光谱仪或紫外分光光度计）。一般的紫外可见分光光度计检测范围在 190~800 nm。由于 $\sigma \rightarrow \sigma^*$、$n \rightarrow \sigma^*$ 两种电子跃迁所需的能量较大，只能吸收波长较短（小于 200 nm）的远紫外光，不能为普通的紫外可见分光光度计所检测。所以紫外光谱有较大的局限性，绝大部分饱和化合物在紫外和可见区域不产生吸收信号，但具有共轭双键的化合物或芳香族化合物能产生强吸收，是紫外光谱主要的研究对象。黄连素的分子结构中含有取代的苯环和异喹啉环，所以能用紫外光谱法测定。

二、实验仪器及试剂

（1）仪器

①TU-1800PC 紫外可见分光光度计或其他型号的紫外光谱仪。

②1 cm 石英吸收池、不锈钢样品刮刀等。

（2）试剂：实验 A 中提取的黄连素样品、去离子水。

三、实验步骤

1. 开启紫外光谱仪

开启仪器，并进入"WinUV"窗口。选择"光谱测量"方式，打开"光谱测量"工作窗口。

2. 设定参数

设定波长扫描范围：开始波长 600 nm，结束波长 200 nm；扫描速度：中速；测光方式：Abs（即吸光度）等。

3. 制样及采集样品谱图

以水为溶剂测定黄连素：将去离子水注入石英吸收池，用卷筒纸轻轻擦干吸收池的外壁，然后将其插入样品池架，单击命令条上的"base line"键，进行基线校正。然后，取出吸收池，取少量黄连素样品加入，搅拌均匀。重新将吸收池插入样品池架。单击命令条上的"start"键，采集样品的光谱图。

4. 谱图处理和打印

在所采集的紫外光谱图上标注最大吸收波长并设置打印格式。做法为选择菜单"数据处理"→"峰值检出"（或单击相应的工具按钮），弹出"峰值检出"对话框，同时显示当前通道的谱图及峰和谷的波长值。可在对话框的"坐标""页面设置"等栏目中设置想要的谱图格式。需要打印时，单击对话框中的"打印"按钮即可。

四、实验关键及注意事项

（1）在测定样品的紫外吸收光谱之前，必须对空白样品（即纯溶剂）进行基线校正，以消除溶剂吸收紫外光的影响。用同一种溶剂连续测定若干个样品时，只需做一次基线校正。因为校正数据能自动保存在当前内存中，可供反复使用。

（2）紫外光谱的灵敏度很高，应在稀溶液中进行测定，因此测定时所加样品应尽量少。

（3）取、放吸收池时，尽量不接触吸收池的透光面，以免将其磨毛；吸收池在插入样品池架前，需将其外壁擦干，否则水或其他溶剂带入样品池会使其腐蚀。

五、思考题

根据紫外光谱的基本原理和黄连素的分子结构，解释黄连素紫外光谱图中各个吸收带是由哪种电子跃迁产生的什么吸收带。

参考文献

［1］刘华，胡冬华，金永生，等. 有机化学实验教程［M］. 北京：清华大学出版社，2015.
［2］李吉海，刘金庭. 基础化学实验（Ⅱ）——有机化学实验［M］. 2版. 北京：化学工业出版社，2010.
［3］唐玉海. 有机化学实验［M］. 北京：高等教育出版社，2010.
［4］李兆陇，阴金香，林天舒. 有机化学实验［M］. 北京：清华大学出版社，2001.
［5］王兴涌. 有机化学实验［M］. 北京：科学出版社，2004.
［6］黄艳仙，黄敏. 有机化学实验［M］. 北京：科学出版社，2016.
［7］龙盛京. 有机化学实验教程［M］. 北京：高等教育出版社，2007.
［8］陆涛. 有机化学实验与指导［M］. 北京：中国医药科技出版社，2003.
［9］杨正银. 综合化学实验［M］. 兰州：兰州大学出版社，2005.
［10］胡春. 有机化学实验［M］. 北京：中国医药科技出版社，2007.
［11］张锁秦，张广良，宋志光，等. 基础化学实验（有机化学实验分册）［M］. 2版. 北京：高等教育出版社，2017.
［12］林璇，谭昌会，尤秀丽，等. 有机化学实验［M］. 2版. 厦门：厦门大学出版社，2016.
［13］吴景梅，王传虎. 有机化学实验［M］. 合肥：安徽大学出版社，2016.
［14］王福来. 有机化学实验［M］. 武汉：武汉大学出版社，2001.